一半是媽媽，一半是我自己

微品牌陪跑教練
龔忻平
Sophie 著

微品牌陪跑教練
龔忻平 的
5個女性創業賦能祕笈

推薦序

中年創業維艱？其實正是時候！

親職教育推廣人、諮詢師 **醜爸**

在書店琳瑯滿目創業書籍中，可曾看過專為「40+，女性，全職母親，想為人生下半場 衝一波」的女性們，量身打造的一本書嗎？正是這本！忻平的書，不只照顧到全職媽媽轉換跑道的焦慮擔憂，連心理建設、目標擬定、自媒體經營，還有怎麼跟家人溝通創業計畫，都幫你設想到了！

「全職媽媽」值得放在履歷第一排

2014 迄今，我透過課程、講座、讀書會推廣親職教育，陪伴母父們面對各式各樣教養與親子關係課題。雖然課題百百種，但唯一共識是：「親職」大不易，專業度與挑戰性和其他專業相較，百分百有過之而無不及！

然而，社會整體長期「理所當然」全職媽媽的存在，貼上的標籤像是「在家帶小孩」、「沒有產值」、「非專業」。過來人的忻平深知，若不先幫助女性們戰勝這些的心底的小聲音：「我不夠好」、「我『只是』在家帶小孩」的心魔，將會後患無窮！

你只需要花一本書的時間，就能讓忻平手把手帶妳紮馬步，將心態調整好。媽媽們、女士們，你要相信自己多年來在家庭中的無所不能，是職場上任何專業皆無法取代的寶貴經驗！

馳騁下半場，心法與做法並重

更讓我驚嘆的是，忻平不僅分享經驗與心法，連各種工具都備好備齊，儼然是本創業工具書！不僅寫到怎樣設立目標、如何建立人脈（意想不到的好用）、教你善用科技，甚至怎樣運用自媒體來發揮影響力，當然，還要我們內外兼修、展現魅力！不管是你想得到、或者是想不到的創業眉角，都在《一半是媽媽，一半是我自己》這本書中了！

中年，是最美好的時刻

在一個多年的讀書會群組，我們都稱忻平是「自帶 spotlight、領導力超群」的「大隊長」；我們也深知，大隊長不只霸氣外露，也因其成長過程的不易，養成她心思敏銳，總能適時展現同理與陪伴他人的細緻。因此，忻平能照見許多一身武藝、卻妄自菲薄的全職媽媽，也堅定相信，這些媽媽不僅能育兒，更能做自己。

我認為啊，中年，有其獨特美好的意義，並非「衰老、失去競爭力」的同義詞；講得誇張一點，中年創業的我們，具備絕無僅有的強大優勢。這些優勢，忻平都條理分明的整理好在書中，為妳娓娓道來。

歡迎追蹤
「醜爸—陳其正」
粉絲團

我衷心祝福「40+，女性，全職母親，想為人生下半場衝一波」的妳，從閱讀這本獨一無二的好書開始，出發！

推薦序

相識相知、攜手逐夢

新北市淡水國小校長 陳佩芝

與忻平結緣於新市國小，擔任志工的她在圖書館中與其他家長一起規劃閱讀工作，以家長志工的身分，引領孩子們進入愛閱世界，接續擔任志工隊長及家長會會長時，偕同志工及家長會成員和學校一同推動親師生共治的校務歷程中，我們有了更多的互動與對話。而總是打理得精神抖擻的她，讓人印象最深刻的是，對於自我的要求與實踐。

約莫知道她是自己創業，卻未曾深入了解背後故事。有幸在出版前搶頭香閱讀本書，跟隨著她從母親到創業者的角色轉換，更能體會她為什麼是這樣的她。在書中，她如同教練般貼心鼓勵並陪伴讀者，透過不同的策略與引導，逐步發掘自己對人生的願景、學習善用相關工具、構築屬於自己的夢想。這樣的專案規劃與教師授課有幾分相像，釐清目標、善用策略與工具、檢視成效、自我增能。

於是，我硬著頭皮應允了寫序這個艱鉅任務，在學校服務多年，總是期許自己要盡全力「讓孩子的潛能得以發揮，啟發孩子的亮點，讓孩子亮起來」；「老師的教學能量及用心能被看見及肯定」。

想要探索自我的每一位讀者，推薦此書給你

在忻平的字裡行間，我看到了對讀者、對自身的期許，以及企圖心。作為一個學校帶領者，我非常了解實踐心中想法所需要付出的努力，也明白在這過程中，若有夥伴能夠共同前行是一件多麼美好的事情。在此推薦此書給正想要創業／正歷經人生不同階段與角色／

想要探索自我的每一位讀者，透過作者結構化的引導與帶領，一定能逐步找出自己憧憬的理想願景，並透過每一章節中的理論與實作，一一實現。

期盼閱讀本書的讀者，不僅能跟隨著作者溫柔的語句及系統性的規劃，向內自省、於外落實，亦能逐步積累能力，成就更好的自己。

祝福諸位能從中獲取養分，讓所願、所想都能成真。

推薦序

如果妳也想從 0 走入創業，發光發熱，請你看這本書

富而喜悅台灣區訓練總監 譚愷悌

第一次見到忻平，是在 2021 年 9 月 15 日，在一個陽光明媚的日子裏，她出借了她在淡水可愛的家，做為遠從荷蘭返台的鋒玲教練和一群北區財富流教練集會的場合。屋如其人，白色為基底，用綠植和編織布置，有一點小小的特別，同時舒服和雅致。而忻平也一如她的房子，用陽光和清晰布置了她的心靈。

很榮幸的在之後一年多的時間中，我們在財富流的群體中一邊學習、遊玩，一邊在共創結果。而忻平扎實的為自己在經銷商組成的無疆花園兵團中，一路從小組隊員、副指揮官、指揮官、集團副手到集團長的過程，扎下了很好的領袖歷鍊，因為她告訴我：我要成為有影響力的人。

從一開始只是樂於分享自己的地方媽媽，到逐漸活出自信和勇氣，打造了自己的團隊，也走出自己的一番事業和成就，除了她的內在有一份堅毅恆定的力量，更棒的是她勇於接受所有的挑戰，團隊中有任何需要或責任，只要邀請她去負責，她都會全力以赴的做到她的最好，即便成為領袖的路上難免會有許多內外在的聲音讓她難以決擇，但忻平始終都是鞠躬盡瘁、使命必達的最佳典範。

好幾次，在與團隊夥伴一起前進的過程中，我都聽見了她聲音裡的挫折和難過。同時，當被她支持的夥伴也突破難關拿到百萬明星教練的資格時，她真正的以對方為榮，比誰都開心。一個願意把夥伴的成果視為和自己達成目標一樣重要的領袖，真心的敞開並與每個生命深深締結的女人，怎麼可能不欣賞她或是愛上她呢？！一個一旦設定最終目標就會慎重走好每一步的女人，又怎麼可能可以忽視她呢？！

很開心拜讀了忻平的這本書，果然非常有她事必躬親、按部就班、持續優化、有效落地的特質。相信你如果也是一個期待二度就業或創業，想讓自己走出家庭發光的女人，在閱讀這本書的時候，你一定能感受到忻平的領袖魅力和影響力，進而在這本書得到你想要的下一步。最後，祝福每一個閱讀這本書、渴望成功的靈魂，都能活出自己最渴望的樣子，一如忻平。

推薦序

你也想活出最高版本的自己嗎？

菁羚商學院創辦人 顏菁羚

在我做財務規劃個案的這八年的時間裡，看過太多家庭主婦，因為自身的自信心以及累積的技能不足，在孩子大了不再需要這麼多的時間照顧之後，瞬間失去重心以及自我價值感，想要開啟副業或者創業更不知道要如何開始，導致內耗不斷，人生進入空轉。

但忻平卻是我認識的一個奇女子，剛認識她完全感覺不出來她才剛從家庭走出來創業，甚至可以說，她完全就像個創業很久的老闆娘了，她會的技能也多到讓我大開眼界。

每次看見忻平，都會被她能量滿滿的聲音給鼓舞，對生命充滿熱情的她，透過有效率的方式，管理自己的時間，體重，身型，每一次的活動及會議，她也會有自己整理好的 SOP，所有的一切井然有序，與她一起辦活動會非常的有安全感。

這本書，不僅是一位媽媽的成長日記，更是一份對所有女性的激勵與啟迪。

忻平以她個人的經歷為藍本，將媽媽這一角色的多重挑戰與創業的過程巧妙結合，真誠的描繪了如何在家庭與事業之間找到平衡，並最終實現自我價值的故事，這是一個從家務管理到創業成功的精彩旅程，每一章都充滿了智慧與洞見。

同時書中也帶領讀者進一步探索自我。從“媽媽星球”飛回“自己星球”的過程，是每個媽媽找回自我的關鍵階段。這也是一本創業指南，專為那些渴望開始新事業的媽媽與女性們而設。

忻平分享了從發掘內心渴望、設定可行目標，到與家人深入溝通、盤點資源，乃至培養內在動力的全過程。特別適合那些對創業充滿熱情卻不知從何開始的女性，提供了具體的操作指南，在創業的道路上少走彎路。

這本書，是一部激勵無數女性勇敢追求夢想的力量之作。無論你是全職媽媽還是職場女性，這本書都能為你提供啟發與勇氣，引導你在生活與事業中找到屬於自己的平衡與成功之道。

讀完這本書，你會發現人生就像綠野仙蹤，充滿了未知的冒險與無限的可能。每一位女性都應該勇敢踏上屬於自己的英雄旅程，迎接生命中的每一個挑戰，並最終活出最高版本的自己。

歡迎追蹤
「菁羚商學院．
顏菁羚 Lidia」
粉絲團

自序
從母親到創業者，我踏上自己的中年英雄旅程

曾經在一次講授《自媒體的打造人設角色》課程中，我問學員們一個問題：「你的上網年資有多長？」5 年？ 10 年？ 15 年？ 20 年？回想起來，我的網路年齡已經超過 30 年，從早期的 BBS 電子布告欄開始，我就非常熱愛書寫。常常透過書寫，整理自己、記錄生活，也透過書寫去抒發心情、療癒傷痛。

一開始，我的書寫都是自說自話。我把電腦當成另一個我，就像照鏡子一樣跟自己對話。透過書寫，我

越來越了解我自己，也越來越明白我為什麼是我，為什麼會活成現在這樣，就這樣，我自然而然地養成了書寫習慣。

從 BBS 電子布告欄、無名小站、新浪網、痞客邦，我一路在網路上書寫記錄自己，從學習、心情、生活、閱讀，不停寫下去。直到 2010 年，我懷孕了，開始記錄懷孕過程中的所有準備，我接觸到溫柔生產與水中生產的相關知識，產後記錄孩子們的成長點滴，慢慢的我成為親子部落客，也很榮幸地受邀在媽媽寶寶雜誌裡寫了一年的專欄。

隨著孩子們進入校園，我開始注重兒童的生活隱私，逐漸的在部落格上封筆，雖然我還會在個人臉書 FB 中記錄生活，但我決定將屬於孩子們的生活還給他們，自己也轉身投入國小校園的志工生活圈。

當我的兩個孩子分別升上國小四年級與六年級，孩子們漸漸長大，我也開始思考，接下來的我呢？

我是一個 12 年的全職媽媽，在成為全職媽媽之前，我在銀行與證券業擔任主管職。雖然我有不少金融相關證照，但離開職場 12 年的我，勢必無法回歸金融業。

我還能做什麼？

在 2021 年夏天，我接觸了一個財商課程，也找到自己除了「全職媽媽」的可能性。我既想兼顧家庭小孩，又想創造自己的收入，於是，我開始思考，我可以如何同時照顧家庭與創業。

首先，我整理了兩個孩子的生活作息模式，逐步有計劃的把他們該自我管理與自我負責的部分，分階段的交付給孩子們。接著，我善用許多在開車或交通往返的過程中，把握對話的機會，跟孩子們談媽媽回歸職場的可能。除了與孩子的大量溝通討論之外，我也同步跟另一半有深入的討論與對話。

創業的我，需要時間、需要資金，更需要調整過去全職媽媽的生活模式，這些都需要另一半的理解與支援。我深知，唯有良好和諧的夫妻關係，唯有大量的對話與共識，才能有神隊友的完美支援。

於是，我開始有計劃的盤點工作時間、累積收入。我養成習慣紀錄並安排的工作行程、持續做好收支預算管理，而這些檔案，我都同步上傳在雲端並開放給另一半隨時方便自由查詢。我也經常有意識的在散步、睡前甚至假日兩人的早餐約會時，趁著燈光美氣氛佳的時刻，跟另一半開啟大量的對話。

我明白，過去 12 年，我全職在家對正值青壯年衝刺期的他來說，既安心又放心。當我想要轉戰創業市場，第一步，一定要讓另一半看見我完整的規劃、縝密的計畫與對他同理共感的用心安排。

也因為與先生小孩的大量對話，無論是價值觀的傳遞、我願景中的畫面樣貌、我全力以赴的工作態度、我對他們的想法看法的重視，先生與孩子們都很願意支持在家 12 年的我勇敢踏上創業之路。

第一個事業，我轉身成為財商課程的代理商。因為常常需要解說課程的核心概念，練就了隨時都能上台講一段話的底氣。照理來說，全職多年的我，講課應該會緊張，還好在家長會時期，常有機會練習，在多年的訓練下，現在講起課來，根本是小菜一碟！

第一個事業裡，我學習了時間管理、業務推展，學習了如何將自己的成功經驗複製給其他夥伴。本以為，我大概就只會有這樣一個事業體。沒想到，在 2023 年初，因為個人講師形象的需求，我幸運地開啟了第二個事業契機「身體健康產業」。在第二事業的發展需求下，我開設了有限公司。

這兩次的事業經營讓我深刻體會到，原來，全職媽媽的這 12 年，我並沒有虛擲虛度。這 12 年，我做了很多奠定基礎的事情，無論是人脈交友圈的累積、本事能力的深耕、時間規劃與安排、夫妻與親子關係的維繫、財務理財的資金規劃，這一切的一切，都是我能成功創造自己事業的重要關鍵。

本書中希望分享我的生命主題，也希望能在創業路上幫助你：

❶女人如何調整心態，在照顧家庭之餘也能累積學習？
❷當孩子慢慢長大，媽媽該如何發現「心」方向？
❸該如何與家庭成員溝通，達成兩人三腳的最佳動能？
❹給媽媽／女性創業的五大步驟，讓你一個人也能輕鬆做
❺善用好工具，成為熱情又精明的專家

台灣許多全職媽媽跟我一樣，經歷過育嬰留職停薪的年代，我們都曾是職場菁英，因為想全心陪伴孩子而選擇離開職場成為全職媽媽。身為全職媽媽，在孩子們日漸長大獨立的過程中，我們又能如何為自己未來的二、三十年好好規劃安排重出江湖之路？

這本書除了分享我的經驗與心路歷程之外，更將整理出我們在每個階段能為自己做的基礎奠定與計劃安排，願與我一樣的女性都能勇敢地創造屬於自己的中年英雄之旅。

目次

推薦序

Chapter 1

當媽媽，是一個
將創業技能集滿的過程

我知道大部分女生成為母親後都希望能兼顧工作和家庭，也試圖找到平衡。但現代社會的工時越來越長，加班文化盛行，全職工作與母職其實是很難兼容的。

但是我認為，媽媽不僅是時間管理界的大師，決斷問題更是明快。也就是說，如果媽媽們想幹大事，動機真的比誰都強！

面對重新開始工作，與其原地焦慮，不如聽我說說，我怎樣將職場技能，充分應用在生活，等待下一次起飛，並且在創業上加分的故事。

1-1

沒人教我怎麼當媽媽：陪伴孩子，也陪伴我自己

我成為媽媽之後，才明白當媽媽的擔憂是那麼的理所當然。當自己懷孕，準備成為一個母親之後，我開始閱讀大量的教養書籍。雖然說，盡信書不如無書，但因為閱讀這些書才讓我開始思考，怎樣能盡力去做一個稱職而且具有正面影響力的媽媽，而這也成為我創業的小小薪火之一。

當一個媽媽，對孩子滿滿的愛是基本條件，除了愛

以外，還有很多重要的事情得要學習與配合。到底我在言教與身教之間，究竟能兼顧到什麼程度。

學習等待

老實說，我現在的脾氣雖然比小姐時期好多了，不過，以「媽媽」這個身分來說，我對自己還不太滿意。有時候火一上來，總是不免發飆，首當其衝的就是我的伴侶。我常覺得，產後的夫妻生活磨合比婚後還多，除了一般日常生活之外，還多了照顧孩子的工作分配。

我的另一半正中真是一個不可多得的好爸爸，然而，我們還是偶爾會有齟齬。有一次，我抱著蘋果和正中意見不合、講話有點大聲，那一晚，蘋果顯得不安躁動、甚至大哭，事過境遷，我才驚覺：我們的個人情緒影響了孩子。從那次之後，我們就很注意溝通時的態度，盡量控制在不影響到孩子的狀態。而耐性的培養，卻是我在做媽媽的過程中學到的最重要的一課。

懷孕是需要耐心醞釀與等待，提早生是早產，胎兒就是需要在媽媽肚子裡 37 週才能成熟，急不來。

孩子的成長也是，我慢慢學會面對等待、享受期待。

期待某一天，突然發現我的寶貝會笑了、會玩了、會握了……

期待我的寶貝會好奇的四處張望，甚至會坐、會爬、會走路。

期待著我發現她進入新的里程碑，興奮的和親朋好友們分享喜悅。

孩子得先從家庭教育開始，之後才進入學校教育與社會教育。家庭教育能帶給孩子的影響是最大的，身為父母的我們，除了愛，還要學習與檢討，一路優化調整才能在教養孩子的過程中不斷成長與提升。

學會承認自己的錯誤

年輕的時候，我很硬頸，作錯的事，強詞奪理；作對的事，得理不饒人，說穿了，脾氣修為真的很不好。

隨著年紀漸長、磕磕碰碰的把尖角稍微磨圓之後，才明白自己從前是多麼的不厚道、不討喜。慢慢開始學習真正發自內心的「請、謝謝、對不起」之後，在人際關係的相處與互動上，有了很大的影響與轉變。

然而，面對自己的孩子，勇於道歉也是需要學習、需要踏出第一步的。我很不喜歡用體罰作為教養孩子的手段，但，不喜歡不代表我就能完完全全控制住自己的情緒，所以，在大女兒蘋果很小的時候，我也曾在盛怒之下，忍不住用手去體罰她。

我忘了蘋果具體犯了什麼錯，只記得我一時氣憤，揮手打了蘋果的屁股。幾乎沒被打過的蘋果對體罰的情緒反應很激烈，當場大哭大叫起來，正在情緒裡的我也氣得不想理她。

那天晚上入睡前，我一手攬著蘋果、一手攬著糖果妹，心裡一直反覆的對今天打了蘋果感到內疚自責與不安，實在不希望蘋果和我都帶著不開心去睡覺，我跟蘋果說：「蘋果，媽媽跟你說過不管怎樣，打人就是不對的，但是，今天媽媽太生氣，沒控制好自己的脾氣，很生氣的時候忍不住打了你，

雖然你也做錯事，但是媽媽打人就是不對的，所以媽媽想跟你說對不起。」

蘋果愣了一下，然後很直覺反應的回答我：「媽媽，沒關係。」接著，我們又繼續在床上唱歌聊天準備睡覺，過了一陣子，蘋果跟我說：「媽媽，你剛剛說因為打我跟我對不起，我覺得我也有不對，我也應該跟妹妹說對不起，我不可以故意去鬧妹妹生氣。」然後蘋果轉頭，對妹妹說：「妹妹，對不起。」有點狀況外的妹妹直覺的回答：「姊姊，沒關係。」

我瞬間感到兩個孩子正在給我上一堂最最寶貴的課，我的一言一語，原來就是孩子們的學習與回應。那個當下，我好慶幸自己有開口向蘋果道歉，我用力的抱著兩個孩子，用力的親親她們，雖然我沒有多說什麼，但內心的感動是難以言喻的激動。

那一晚的畫面，我一直放在心上，雖然很平凡，卻是我心中很重要、很想記錄下來的剎那。

不批評、不焦慮！媽媽需要同理心

在《母親媽媽這一行：世上第二古老的職業》曾說過：**直到你自己也成為母親時，對那些母親的批判才可能逐漸轉為同理與諒解，但望各位能設身處地地懷抱同理心，而非一味地批判她們。**

這段話讓我在創業時也很有感觸，有些媽媽會把心力完全投注在孩子及另一半的身上，年紀小的孩子很開心媽媽的陪伴，但是另一半長期下來會受不了太太的緊迫盯人，而且當孩子年紀漸長有自己的學校生活時，全職媽媽會有突如其來的空虛感，或是覺得不被重視，到時因為內心失落造成的負面情緒就不容易處理。你必須為全職經營家庭生活，預留部分的喘息空間，才不會因重心過度傾斜造成自己的心理壓力。

也許很多時候我們不小心起了批判心、當起正義魔人，指點其他媽媽的作為，但其實每個媽媽的處境都不相同，誰也沒有資格批判其他人吶！

學會給出空間

還記得孩子還小時，我們常會到信誼遊玩，老師曾提到我們這些做父母的應該多觀察孩子，而不是過度限制她們。

我初期帶孩子們去玩時，常會緊張的限制東限制西；但是，當我選擇退後幾步，站在遠處給孩子空間，她們自由玩耍之後偶然發現我在身邊，對我展露出的微笑，反而變得更開朗，比我亦步亦趨來得輕鬆許多。

孩子本來就可以自己注意周遭的狀況、自己避開可能會發生的問題、甚至具備自己解決問題的能力，但當父母隨時在身邊擋駕、關心之後，反而讓孩子誤以為自己不需要注意什麼或做些什麼。

我突然想起了蘇永康曾經唱過的一首歌：「如果這是我愛你最好的距離～」原來，戀愛需要給對方自由與空間，親子關係也是。

學著療癒自己

在學校擔任志工超過 9 年的日子裡，我跟孩子們說故事、在圖書館服務，也做過課輔志工老師，陪伴需要課業輔導的孩子學習。很多時候，孩子們需要的不是心理諮商師，而是一絲絲溫暖、一些些陪伴。我們在學校看到孩子們的只是一部分，他們在家裡經歷的，往往是很難被看見的，不管是困頓或者傷痛。

有時候，身為第三人角度的志工，反而能有耐心好好陪孩子講講話。不免想到自己的童年。我想，在療癒與陪伴孩子的時候，我也在療癒我自己內在那個小小的忻平吧！

我常想，如果愛是力量，它一定不會只是一份擔憂、一份焦慮，或者批判。如果愛可以是一種讓人感受到力量的情緒，那一定已經轉化成動能、使人受益了。無論是家人、工作夥伴、朋友或環境中的陌生人，相信一定會因為這份動能而感受到溫暖。謝謝我的家人，讓我有機會體驗「媽媽」這個角色，在我每一個穩穩踩下去的步伐裡，也獲得了向上長成「另一個我」的力量。

1-2

是母親，也要是自己：給在家工作的媽媽，9 個寬心管理準則

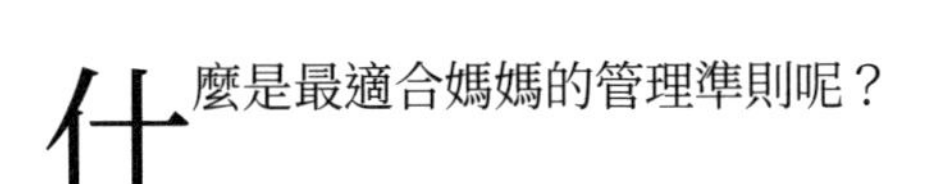

什麼是最適合媽媽的管理準則呢？

如果你跟我一樣，是毅然離職做全職媽媽，你就會知道，一旦離開職場，過去的榮光與專業自信，都會在家務中逐漸被消磨，你會對自己極度沒自信，也會面臨許多體力、心力、時間、金錢資源被競爭的局面。

走過的漫長 12 年，我不只是太太，還身兼母親、占星塔羅老師、社群媒體經營者、創業者、團隊領導者的五大身分，永遠都身處蠟燭至少五頭燒的狀態下。以下包括各種實證過可行的技巧，幫助我關關難過關關過，並將此轉化為「隨時隨地」對自我的提問。

❶【體力】請開始運動，有體力才能應對生命中的所有需求

我開始運動，首先是體態變輕盈了，人也變得比較俐落，我開始恢復從前在意打扮的我，重拾了隱形眼鏡、化妝品，重新開始買一些新衣服，打扮好再出門的心情更燦爛。而除了外表的改變，體力變好更是生活愉悅的關鍵。以前很容易疲倦的生活，因為體力的改善而神采飛揚。

再來就是運動的舒壓對媽媽很有幫助。還記得蘋果三歲半不穩定期時，家裡正好面臨賣屋、換屋，諸事繁雜。我就會請正中放我一個小時的假去跑跑，跑步時我會聽一些激勵人心的快歌，邊聽邊向宇宙送出我的訂單，有時候是希望舊屋能遇到喜歡滿意的賣家，有時候是觀想著孩子變得乖巧懂事平靜的模樣，我想的都是很平實簡單的願望，一邊吐納、一邊邁步、一

邊觀想，真的很舒壓。說來也奇妙，房子真的找到好賣家，蘋果、糖果也變得很聽話懂事，哈哈～

除了跑步之外，我也會利用早上孩子們還沒起床，或是兩姊妹去午睡的時間在家裡做皮拉提斯。我會利用手機 APP 隨機撥放輕音樂，在客廳鋪上瑜伽墊平靜舒緩的伸展。時間大約是半小時到 45 分鐘，做完之後，洗個舒服的熱水澡，從頭到腳香噴噴之後，整個心情也變得美麗多了。

❷【金錢】分配多少額度在孩子上，就保留多少額度在媽媽

小孩三歲前，我總是把自己手上的資源都花費在孩子身上，除了日常的消費、孩子的生日節慶，就連自己的情人節、生日禮物都只想要買孩子的用品玩具，完全忽略了自己的需要。

直到搬家，我才發現自己買了好多好多根本玩沒幾次、用沒幾次的東西，有些東西可以使用的時間很短，孩子長大了就不需要，有些繪本可以去圖書館借或是自己 DIY 就很好用很好玩。

因此，我在買兩姊妹的用品時變得更加理智，盡量

找一些經濟又實惠的方式來陪孩子找樂子。幫自己買些新東西，讓自己偶爾去放個假按摩舒壓，我們家是小康家庭，自然不能什麼都買、什麼都要，我終於學會不再只看著孩子的需求而忘記自己。

❸【心力】生活中的小確幸要靠自己尋找

創業媽媽的工作時間真的很長，每天無論清醒或睡著都在上工。所以找到自己生活中的小確幸真的很重要。我每天早上會幫自己準備一杯我最愛的星巴克 VIA 拿鐵，心血來潮也會去買一塊 Afternoon Tea 的栗子蒙布朗蛋糕犒賞自己。想要一點幸福感並不難，一組漂

亮餐具、一瓶好久沒用的身體香氛乳，甚至是一顆美味的巧克力都能簡單的為生活帶來幸福感。

每個人能感覺到幸福的事情不一樣，只要能找到自己的小確幸，就可以輕易的轉化掉生活中的不愉快。媽媽這個工作從孩子來臨的那一刻就再也無法卸下，媽媽的眼光總是不停的追逐著孩子，但媽媽也要愛自己、關心自己，媽媽要定期充電，才能綻放最美麗、最耀眼的光芒來陪伴孩子長大。

❹【心力】避免生活中出現會造成生活失衡的任何事情

在蘋果的成長過程中，我開始明白一個很重要的重點，那就是：唯有保持生活中的純粹與簡單，才能擁有最多的快樂。凡是會造成生活失衡的、不愉快的所有可能，我都會直接拒絕。

家庭與孩子才是目前我的生活中最重要的關鍵，如果因為一些不重要的事情，影響到我與孩子相處的心情，孩子何辜？而且決定全職照顧孩子的初衷就是希望能給孩子最多最好的照顧，如果因為一些不該存在的怒氣影響了和孩子之間的快樂氣氛，豈不是太不值得了？

所以，作任何決定之前，我都會先評估會不會影響到我的家居生活，與朋友的交往互動也都先以我的家人為優先考量，只要是會造成家裡相處或氣氛上的失衡，我都會直接排除，絕不讓沒有意義的不愉快影響我的生活。

❺【體力】每天都要給孩子消耗體力精神的活動

經過這幾年的教養經驗累積，學齡前兒童的精神與體力需要有發洩的出口，只要能達到天天消耗體力、分散注意力，吃飯就能吃得好、睡眠品質也高，只要這兩樣能順利達到，自然也可以長得好。

無論是去公園溜滑梯、騎平衡車，散步四處走走都是消耗體力的好方法，孩子的體力精神有出口，搗蛋的頻率也會下降許多，相對的也會比較不讓大人傷神煩惱。

❻【體力】家事要求要相對寬鬆

有孩子的家庭都一定能了解，那種整理沒多久又一陣混亂的情況，整齊與乾淨是兩個不同的層次。乾淨是我與另一半都堅持的，畢竟居家環境乾淨，孩子的健康才有保障，所以我們家平均一到兩天進行一次吸塵擦地、兩天洗一次衣服，這些都要感謝另一半一起分攤。

但是說到整齊，我盡量維持，但若孩子弄亂了，我會請孩子自己收。這些家務事很難保持跟兩人世界時一樣乾淨美好，所以，在自己可以接受的最低限度之內就好，要求太高累了自己、也會給另一半壓力。

❼【時間】餐點備料提前準備、善用分裝管理煮食與清理

創業媽媽的餐點，我個人覺得有一些小方法可以幫助快速搞定。前一晚先把隔天早午餐可以先準備的配料處理好，用保鮮收納盒分裝好，就不用東一包西一包拿、也不用花時間在洗菜整理上。早餐若只有我與孩子兩到三人份，我喜歡用玉子燒小鍋，煎蛋、豬里肌肉十分鐘內就可以料理完畢，再把前一晚洗好擦乾的小黃瓜拿來刨絲、夾進土司裡烤一下就可以快速完成三明治。

玉子燒鍋很快可洗好，煮好早餐也不會廚房一團亂。午餐的話，煮麵、煮粥、煮水餃都是我常弄的簡單料

理。麵類我喜歡買讚岐烏龍麵系列的麵點，不用另外煮、也很適合低年級以下的小孩。

火鍋料可以一次先把各種料分裝成小小綜合包，一次拿一包出來煮，肉片也事先分裝成一包一餐的分量。蔬菜類像是番茄、葉菜類可以先洗好晾乾放進冰箱的蔬果室備著，為了避免隔天中午的混亂，這些事先工作準備的好，就可以快速搞定。

上述這些餐點還有一個好處是：洗一次鍋＋洗大小兩至三人份的碗筷就可以快速清理完畢。高難度的餐點偶一為之，平常還是走簡單方便路線，才不為難自己！

❽【時間】運用 10 分鐘放鬆，帶來一整天的美好

媽媽的 10 分鐘，和上班族的 10 分鐘不一樣。在還沒當媽之前，10 分鐘常常一晃眼就過了，和姊妹們喝下午茶，一待就是三小時。當媽媽才沒有這種美國時間！媽媽的 10 分鐘，可以把吐司放進烤箱，把衣服晾好，把髒衣服放進洗衣機，然後持續回答小孩的問題：「媽，我的直笛在哪裡？」創業媽媽就需要這種效率和超能力，有誰比我們這樣被訓練多年的媽媽來得厲害呢？

所以 10 分鐘當然也可以變成媽媽的休閒時間！在孩子自己玩的片刻、小睡的零散時間，我會拿個賞心悅目的茶具給自己來杯熱茶。我喜歡 Dilmah 的焦糖奶香紅茶包、香草茶包和早餐茶，Twinnings 的伯爵茶、立頓的黃標紅茶包都是我家的常備茶款，無咖啡因的南非博士茶也很棒。

除了講究一點的現磨咖啡豆，星巴克的 VIA 是時間緊迫又想來杯咖啡的好幫手，來不及煮熱水的時候，VIA 可以用常溫開水溶開加入鮮奶就是冰拿鐵，口味又好，Costco 就有賣，比便利商店還好喝又便宜。

❾【心力】「學習」永遠是開啟你下一扇門的關鍵鑰匙

不管你是不是全職媽媽，都要先預想一件事情：小孩長大之後你要做什麼？小孩成長的前十二年，你的重心可以在孩子身上，但當孩子有自己的生活時，你的重心要在哪裡？你的「渴望」在哪裡？

渴望是人心裡面存的必備品，也是陽光、水與空氣。一個人如果沒有渴望，就無法存活下來。小孩總是會長大，所以媽媽無論如何都學會照顧自己的渴望，養成發現自己、熱愛學習。

起初，我因為長期擔任學校志工，發現自己熱愛助人，也喜歡有同伴一起，玩得開心又投入，但這些少了一種事業感。第一次創業做財商課程代理是我生命很重要的轉折，我第一次感受到強烈的認同感，更充滿了被支持的感覺，財商教練團隊中的大家都很有學習意願，在這裡，每天都有進步。我自己也透過學習書寫部落格、臉書、錄 Podcast，在粉絲的回饋中，看見自己的特質，才漸漸理解自己想要什麼。

如今的我，一次一次更加空杯的虛心學習，敞開並貢獻我自己。

1-3

書寫心情是療癒，也能有效牽起身邊的弱連結

如同我之前說的，書寫心情一直是我的習慣，有了網路，也就有我的一方小天地，能寫是一種抒發，其實一開始也沒想過會有人看，慢慢的發現，我的文字似乎可以觸動人心。

我從部落格時代開始耕耘親子教養，一開始本來只是想記錄，卻慢慢開始有人找我寫開箱文、專欄，甚至一篇在 PTT（電子布告欄）寫的 NIKE 文章，過了多

年還是有人會推文「真是被你燒到！」

然而，我還是活得很自我，寫得很隨性。我不想寫作有什麼目的，也不想真的拿文字賺大錢。

我漸漸感受到文字的威力，不僅是因為文字而有了一群媽媽朋友，也因為文字，被人信任，被人看見，甚至當我的事業開始起步時，這些朋友的朋友，甚至是網友，也給我帶來許多支持和弱連結。

書寫的自我療癒

我們的人生有很多不如人意，其實只要願意花時間與自己相處，便是療癒的開始，想要知道自己哪裡受傷，是需要勇氣的，這代表我們需要再一次面對自己的傷口，並且要看見受傷的自己。

面對受傷的自己並不是容易的事，因為我們早就習慣隱藏不堪、脆弱，直到悲傷反撲，才會發現自己傷痕累累。

當我感覺到匱乏，我會帶著內在的不安與恐懼，自然無法有自信的快樂過每一天，又如何能產生正向能量的流轉。而若我在每一個當下都能與內在的真實情緒感受連結，感受到的不是匱乏，而是感恩於自己所能擁有的一切，珍惜「當下擁有」的一切，自然能以豐沛的能量去做任何決策、任何工作。

不只是療傷，我也透過自我覺察、每天的書寫，去照見自己的每一天，感受自己的意念、能量、行動並且記錄下所有當天感恩的事物，和走向富而喜悅的各種機會。

這只是一部分，寫作就像是一種心靈瑜伽，透過一次次的練習，讓自己的心靈肌肉越來越強壯，不容易被匱乏感侵襲，也努力讓自己相信，自己身心的財富容器是可以容納更多、創造更多可能的。

閱讀與書寫帶給我的內在震撼

在日常忙碌裡，如果沒有轉換情緒，有時候很難用文字表達一切，如果一時沒有靈感，我們可以使用牌卡、書籍中觸動的文字來引導自己。

舉個例子，之前在帶領讀書會時，雖然主題是金錢，但其實比較像是在整理內在信念。

在讀書會中，我設定了三個提問，邀請大家寫下自己的答案然後分享。其中一題是這樣的：

「如果在你的生命中拿掉一樣東西會讓你更快樂，那個東西會是什麼？」

有人想拿掉生命中的謹慎周全，
有人想拿掉人情壓力，
有人想拿掉恐懼，
而我呢？很有趣……

當下閃過的第一個念頭就是「不屬於我的責任」。

天啊，寫下這七個字的當下，真的超級有感！做很多決定的時候，會考量到方方面面，有時候，如果能把不屬於我的責任拿掉，那麼做決定或行動起來，應該能更輕盈吧？！

讀書會的小夥伴笑著說：「今天的讀書會是靈魂拷問吧？」真的，因為我也這樣覺得喲！

外在世界雖然難以控制，但是我們可以將焦點轉向改變自己，練習從「為什麼會發生這種事？」變成「從現在開始，我能做什麼？」我們將重新看待低潮，從中學習順其自然，當我們放棄控制一切，便能迎來自由。

關於社群書寫的弱連結

在我的社群教學中，我觀察到很多個人品牌的起步都是從個人臉書開始更新，但是一下子就會陷入瓶頸，其實在我經營社群多年之後，我發現一個祕密：熟人僅限於精神支持和心靈撫慰，人們所有的社交和事業資源，都有賴於那些不怎麼熟的「弱連結」。

多少年來，華人世界對一句話特別認同：「一個人能否成功，不在於你知道什麼，而是在於你認識誰。」好像人脈越廣，就離成功越近。為了成功，每個人都在想盡一切辦法經營社交，並把這些人納入好朋友，精心維護，這些好朋友是「強連結」。

但是在這個社群年代，強連結的人脈，在生活中與你比較親密，能提供即時的幫助；但因為物以類聚，你們會用同一種模式或習慣思考、解決問題，有可能很難開創新局。更能轉換或者變現的反而是「弱連結」。舉個例子，你一定有因為直播購買過商品，或者因為朋友的朋友介紹了一個不錯的課程而消費過，對吧？

至少對大部分人來說，「強連結」並沒有為他們帶來連續的消費或者業務支持，就像你勉強購買了親友推銷的保險一樣，可能下一次就不會再找他。也許強連結可以給你一個業績的基礎，但是它也可能會給你的未來限制一個邊界：「你無法賣給親友以外的人」。

而真正決定我們命運的，恰恰是邊界外的機會。意識不到這一點的人，無法理解自己的命運。

你必須關注的是生活中的**「微路人」**——他們或許是其他部門的同事、朋友的朋友、從沒見過的網友、多年不見的同學，那些不會出現在你的常用連絡人名單上、平時沒有交集，卻可能帶來關鍵機會的「弱連結」。你的弱連結越廣，人生舞臺就越大

弱連結可以幫助你突破既有圈子，給你帶來全新的商業機會！而書寫，常常是你在社群上建立弱連結最好的武器之一。

在社群中，如何將弱連結變成有效的關係？

以下是弱連結及其演變。

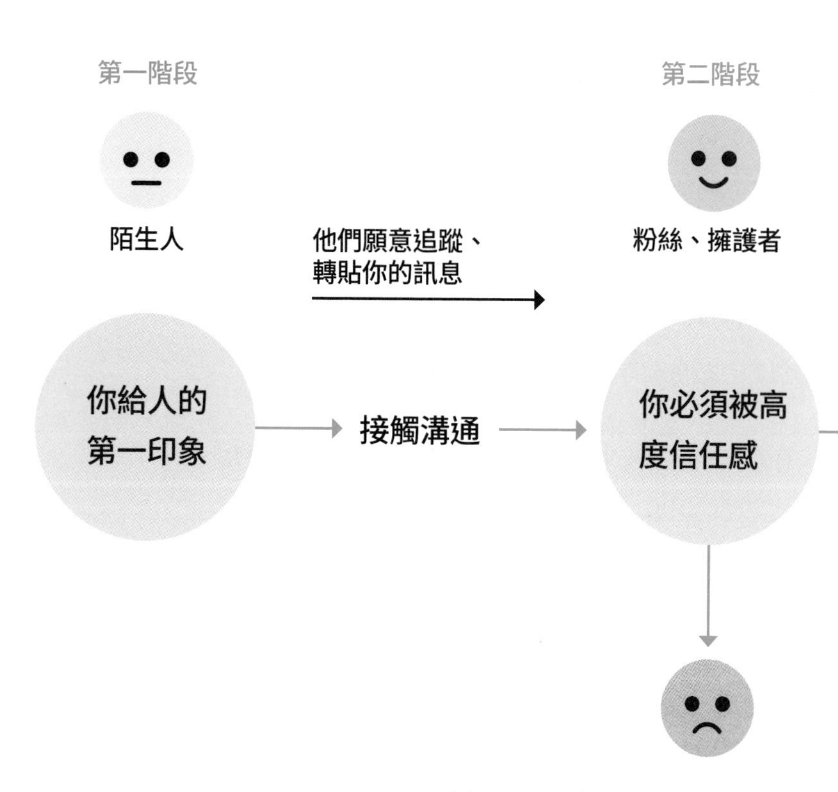

我們和弱連結的接觸時間並不長，所以必須建立在高度的信任感上。如果你發表的言論，無法快速建立他人對你的信任感，對方不會再相信你寫的任何資訊。

歡迎追蹤我的
Thread（脆）
觀察如何
增加社群粉絲

第三階段

盟友、死忠鐵粉

他們理解並認同，願意為你的服務行為商品買單

你必須主動提出熱門議題，提高關注度

你成為意見領袖 KOL，大家都想先聽你的意見，主動接收你的消息

1-4

把隱私還給孩子，把生命紀錄回歸於我：媽媽們的社群經營

不知道大家在經營社團或者臉書 IG 時，會不會喜歡貼孩子們的故事或照片呢？曾是 12 年全職媽媽的我，生活中充滿孩子和生活，更新的內容也常常圍繞在這些內容，包含孩子的照片、我在學校的經歷、各種家庭瑣事等，都是我的經營內容。

但是，持續更新許久的粉絲團和部落格後，我決定讓孩子慢慢淡出我的網誌。為什麼？

家庭隱私與自主權

除了孩子們慢慢不愛讓我隨時隨地拍照之外，有一部分原因也是其實我不是什麼有錢人，如果在網誌上三不五時來一篇開箱文體驗文什麼的，讓有心人誤以為我是好野人，起了不好的念頭，那可就歪腰了。

因此，搬家之後，我再也不公開提起家住哪裡，另一半的資料也保護不曝光。

另外一個，就是兒童自主權的問題。

當我們做父母親的，以孩子為主體，在網路環境曝光孩子的生活一切時，父母是否有尊重孩子的自主權，還是父母自己擁有了一切掌控權？也是我後來除了個人臉書版面中僅限朋友權限能看到以外的環境，減少發表家人照片的原因。

在兒童成長紀錄的背面，如何劃清紀錄與隱私保留的界線，真的是一門很難的學問啊！

很多媽媽會問我說，如果我要開始一門事業，需要更新社群，除了孩子和家庭之外，我們能更新什麼呢？

我想跳一下，講一個小經歷。

我記得我在看《82 年生的金智英》這本書的摘文時，有一種深深的感嘆，二度就業的婦女，能選擇的工作很少，能做到讓自己喜歡又有相當收入的工作，更少。

不僅時間時間零碎，許多想進修的課程要拜託先生顧小孩，內心會有一些罪疚感。也因為時間零碎，能真正放鬆的時間，其實不多。

我家兩個姊妹算乖了，但是低年級時上課只上半天，我大概十二點就要回家待機。幼兒園離家不近，四點放學，三點十五就差不多該出門準備接小孩。

如果還要天天買菜煮飯，回想起來真的累。

轉眼照顧孩子們 12 年，慶幸我一直都有自己的興趣知識傍身。媽媽們，不要放棄，我們一定可以找出自己喜歡的第二專長，在完成照顧孩子們的階段性任務之後，重新踏上自我實現之路。

所以，媽媽的社群要寫什麼？

我一直很強調，社群經營不是平台賣場，所以不要一直寫你在賣什麼。如果在臉書或者 IG 上充斥著促銷的訊息，你的粉絲量和觸擊會越來越慘。社群最大的功用，營造你的形象，然後來交朋友的，最重要的是要有互動。所以，你需要為你的讀者，找一個來看你粉專的理由。

以下幾點心法，可以有效改善你的社群互動。

❶記錄行動：請寫下你改變的過程

離開職場，成為全職媽媽十幾年了，在這十多年裡，我一直持續保持學習、累積實力，在志工隊服務也投入很多心力。因緣俱足之下，終於遇到自己非常想投入的志業，重拾熱情，有了實現夢想的勇氣與決心。

而我覺得，如果你想開始一份事業，在社群裡面該更新的，不是過去，不是家庭，應該是你從學習到的知識，或者創業 0 分的過程，進步到 60 分，甚至 120 分的感受。我也發現，從家庭主婦到重建事業，那個跨出人生第一步的勇氣是許多人嚮往的，詳細記錄會感動許多人，甚至會出現追隨者。

❷一致性：撰寫自己的內容，要有關連

你的發文題材要限定在你的行業之中，你的目標是在培養潛在客戶，要提高自媒體的質量並兼顧發表的數量。像是我想經營瘦身的粉專，書寫穿搭、運動或者飲食記錄就能搭配上，但是如果你經常發表花草的照片，或者投資的內容，或是一些跟你行業並不相關的時事文，就不太妥當。

❸丟掉比較，創造情緒價值給粉絲

我發現很多人在發文時會一直宣傳產品的好處，但是消費者要的不僅僅是產品本身而已。他們要的是：**誰來幫他們解決痛處？誰來協助他們完成任務？以及誰來幫他們「創造價值」？**

我講的價值，不只是商品的價值，更包含情緒價值。我們所分享的內容，除了日常之外，更多是自己的感受＋商品延伸的意義，而不只是單純的資訊；比方說，我寫瘦身，不會單純寫我用什麼方法瘦了幾公斤，而是我的方法於我瘦身過程中，給予我人生什麼樣的意義，可能是拿回自信，可能是拿回認同，這是一種共感，我們也同樣在用內容回應別人的感受。

❹文字力：請寫出你的配得感

巴菲特的好朋友查理蒙格曾說：「想得到某樣東西，最可靠的辦法就是讓自己配得上！」我發現很多媽媽在撰寫文字時，不太敢承認自己的努力是有價值的，寫自己的好事扭扭捏捏。在自己被認同時，她們的第一個反應不是開心，而是害怕自己名不符實；被攻擊時，他們會第一時間站在自己的敵人那一邊，全盤否定自身的價值，我稱這個現象為「低配得感」。

「我真的不夠好，做什麼都會失敗。」

「我成功了，那只是運氣好而已。」

這與我們成長期的挫折有關，在孩提時的挫折中，我們沒有機會修復療癒自己，造成這樣的問題。當然，這或許還需要一個深層的療癒過程，但是忻平我要告訴你，讓我們備受折磨的並不是別人的貶低，而是無止盡的自我否定。我們不必計較自己是否配得上，因為任何人、任何事都不該成為給自己設限的理由，只要你能專注在透過行動去爭取和實現，低配得感的情形一定會改善。

在我摸索社群的過程中，我感受到很多像我一樣的女性：人們在 42 歲前後會開始，會面臨中年天王星半回歸的階段，天王星半回歸，會為我們帶來一種革新改變的能量，讓我們把握機會、回顧過去累積創造的一切，斷捨離不想要的部分，重設人生下半場的新目標，再次綻放燦爛美好。

跨出人生第一步的勇氣是許多人嚮往的，

只要你願意記錄，就能感動人心！

Chapter 2

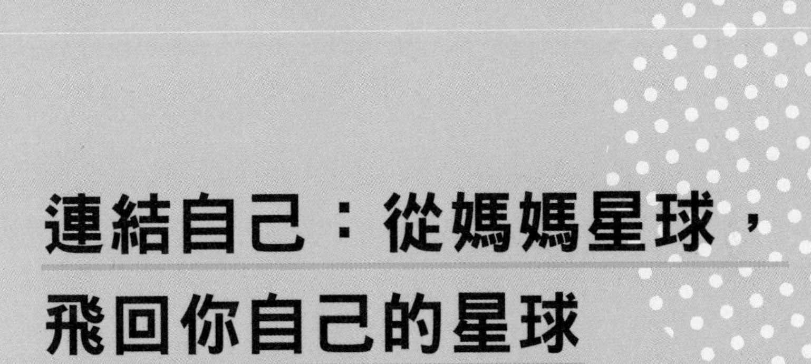

連結自己：從媽媽星球，飛回你自己的星球

世界上沒有所謂的「完美媽媽」，只要以最真實的樣子和孩子建立各自獨立的特殊關係，已經足夠。面對自己也一樣，母親必須真實面對個人，並連結自己，才有辦法既當母親，也保有自己的特質。

每個女人的旅程都是獨特的，無論你在女人的哪一個階段，都應該仔細聆聽內在的聲音，覺察並重生為一個獨一無二的自己。

2-1

創業的每個階段，是我身心靈逐漸合一的過程

成為一個母親之前，我是一個信奉「事在人為」的女人。我總相信任何事情只要拚盡全力，沒有什麼事情做不到。直到我成為一個妻子、成為一個母親之後，我才明白自己的傻氣與天真。

我也許能管理好自己，面對自己的生活難關與卡點，勇敢突破。但萬事萬物只要跳脫出我，所有的變數都沒那麼簡單。有了婚姻、迎來孩子之後，我才發現自己是如此的無知，這個世界有太多太多事情並非「事在人為」四個字就能簡單帶過。

所有「與我以外的人際相處」都是關係課題

身為妻子，我和我的另一半正中既是愛人也是好朋友，我們既是家人也同時是彼此生命中並肩作戰的夥伴戰友。而身為母親，我既是孩子們的照顧者，我也同時是孩子們的朋友、老師、愛護保護他們一輩子的人。

在第一次創業的時候，我曾經猶豫許久，不知道如何跟另一半啟齒。

12 年全職媽媽的我，很長時間沒有工作收入，每個月只有先生給的家用與零用金。剛開始要創業，需要一筆為數不小的創業資金。我知道我有實力也謹慎，不是衝動行事的人，我有信心，這筆創業資金會為我創造更高的收益。但面對另一半，我該如何溝通呢？人之常情，他會擔心是正常的。我也知道他絕對不可能存心與我作對，所有的出發點都是因為愛，那我又能怎麼做，讓另一半安心又有信心的支持我？

當時的我想了很久；現在回頭看，我很感謝當初的自己很有耐心也很聰明的運用了許多過去累積學習的助人技巧與溝通模式，在對話中建立了我們對彼此的信任度。而我對他的同理、我做的功課與我在創業計畫上的說明，也讓另一半放下了很多擔心，全力支持我的重出江湖。在本書的 3-3，我也會提到怎樣和另外一半溝通的技巧，有興趣的可以直接翻過去看看！

從懷孕初期，我就是一個很有想法的母親。2009 年，溫柔生產的意識在台灣剛萌芽，很有幸的，我在孕婦瑜伽課程接觸了溫柔生產與水中生產的知識。於是，一貫對感興趣的事物會瘋狂收集資料的我，整理了所有找到的資訊，融會貫通的寫在部落格或臉書上分享給有需要的朋友們，踏上我的親子部落客之路，也延伸到後來在媽媽寶寶雜誌當了一年的專欄作家。

我經歷過孩子因免疫系統失調掉髮的痛，我曾經陪伴孩子就醫，打頭皮類固醇、打全身性類固醇。我曾經歷過孩子因異位性皮膚炎搔癢難耐、無法入眠的一個個夜晚。

三十出頭的我，有各種內外在壓力夾攻。然而，我深深明白唯有我的堅強勇敢，孩子才能有勇氣與信心去相信自己一定會好轉。我總是微笑的帶著孩子就醫，陪伴孩子一起面對身體的挑戰。我知道現在的輕描淡寫、雲淡風輕，對當時的我們有多不容易，也知道我的心當時承擔了多少悲傷、擔憂與壓力。

但走過這一段路，回顧這段歷程，我很感謝這份生命的禮物，祂讓我看見孩子與我的勇敢、堅強，讓我明白我的孩子有多麼強壯的一顆心。也讓我明白，撥雲見日之後，我們的內在具有多大的勇氣與底氣去面對生命中的各種挑戰。

這是我的孩子們帶給我的學習成長，也因為這些經歷，我深知一個大人要如何與孩子同理對話，我們可以如何讓孩子不只是被照顧的那一方，同時，孩子也能理解自己如何負責好自己，同理父母的嚮往與追求，讓家成為彼此實現夢想最好的團隊夥伴。

書寫，很多時候對我來說，就像是儲存在網路世界的「筆記本」與「備忘錄」。這些年，我很捨得投資自己的腦袋。金融企管背景出身的我，上過很多有趣的課程。從身心靈的占星、牌卡，親子教養、心理學相關，甚至手作、種植物、養寵物。我是一個好奇寶寶，所有的學習我都秉持著「學到的寫下來，也許可以幫助有需要的人」的信念，把我收集到的、學習到的、上課的筆記，透過部落格、臉書各種型態，去分享給有需要的人。在這個記錄的過程中，也結交了很多很多的網路好友同好。

我是個不怕試錯的人

身為人類圖的 1/3 人生角色，我經歷過很多次 Try & error 的試誤過程，小到嘗試各種興趣去摸索出自己的真實喜好；陪伴孩子的過程中，我們也一起經歷過大大小小的體驗，摸索出孩子們未來想走的方向與領域；就連到開公司的銀行開戶要用哪家銀行與網銀，我都經歷過各種嘗試。我始終相信，凡走過必留下痕跡，每一步都有其意義，都有我要學習到、能學習到的地方。也因為如此，我很慶幸自己在生活中，累積了很多生命經驗，跟朋友們分享的時候，常常有很多我能貢獻自己的地方。

我一直相信，人生就像一場未知的探險旅程。我們一直做出一樣的選擇，我就會一直停留在原地，當我願意嘗試不一樣的選擇，選擇不一樣的途徑，沿途看到的風景就會不一樣。

回顧這個過程，我也曾自我懷疑、也曾找不到心之所向。然而，我始終懷揣著對自己的相信，持續累積我的內在知識、本事與底蘊。時時提醒自己要帶著愛與善的心對待每一個來到我身邊的人，珍惜生命中的每一分每一秒，好好的理財、明晰自己擁有的各種資源。

這一切的一切，都在人生來到 45 歲的時刻，支持我勇敢跨越，走向創業之路。而我在這裡，也願意把我所經歷過的一切，透過這本書，分享給所有和我有一樣的朋友。

無論你是中年創業者、是一個全職媽媽、是一個有夢想渴望實現卻不知從何開始的朋友，願我的生命經驗能支持你，陪伴每一個有緣看到這本書的你，一起活出生命的耀眼光彩。

2-2

你的生命經驗，一點都不會白費

金融業教我的細心與精準

大學念商科的我，讀的是企業管理。後來職場工作數年之後再進修，去考的 EMBA，也是企業管理相關領域。在我大學畢業時，正是消費性金融在台灣開始蓬勃發展的時期。我待過銀行，也從事過證券業，無論是撥款部門、資訊單位與業務單位串接的系統協調工作、或是新金融商品企劃工作等，我都擔任過管理職。雖然說，商科不是我當初求學的第一選項，在父母期許與成績考量之下選擇了企業管理，但現在回首過去，我真心想說：「凡走過的，必有其學習，必有其意義。」

在金融業的十年工作經歷中，撥款部門的作業工作為我奠定了很好的 SOP 意識。我很擅長把細瑣的工作拆解之後，找出最有效率的方式，設計出標準作業流程，並傳承給同事完美執行。而撥款工作最在意的細心與精準，也讓我磨練出絕佳的工作習慣。

協調工作教我的溝通技巧

在資訊單位與業務單位串接的系統協調工作，鍛鍊了我的跨領域溝通協調能力。在不同的單位，往往有不同特質的工作夥伴。每個人工作需求不同，衍生出來的思考模式與習慣自然也不盡相同。

在擔任系統協調工作時，我深刻體會到每個人都有自己的本位思考模式，大家都沒有錯，只是需求點不一樣而已。擔任中間的需求串接與協調者，要能同理雙方不同的思維模式與需求，才能美好的串接，完成系統開發或修改的工作。

在這個工作過程中，除了同理心與情商溝通表達之外，我更鍛鍊出「找出使用者需求」的這項本領。看見每個人的需求，其實是任何工作領域，以及對愛人、親人和友人都相當重要的一件事情。能看見一個人的需求，就能體會他的感受、明白他的情緒，連帶著對方也能感受到被在乎，心與心的連結就會更深入。

企劃教我的整體思維

至於過去的企劃工作，更是創業路上重要的生命經驗。無論是我在國小志工隊擔任隊長時，做的閱讀推廣與服務管理的相關工作，或是在國小家長會擔任家長會長時，籌備的園遊會募款活動，一直到創業後的各種業務管理、教育訓練課程企劃或上台講課與商業模式分享時所需要的簡報，幾乎都是當年在企劃工作打通的任督二脈，帶來的紅利。

老天爺不會讓人走無用路！能力統統派上用場

我也曾經覺得自己過去在職場上學習的經驗沒有用，甚至一點都不當一回事。但是直到自己真正的創業，甚至來到第二次創業，我才明白，過去職場上的累積，真的或多或少都有為現在的我帶來許多支持與幫助，只是過去的我不以為意罷了。

事隔多年後的體會，在我成為創業者之後、在我經歷了 12 年的全職媽媽之後，我非常意外自己當初累積的職場經驗與學習都還在。而這些在職場學習到的各種技

能，如今都充分運用在生活中、創業上，甚至是職場上自我管理、團隊延伸與領導、教育訓練與業務開創上，統統是超級棒的工具。

2021 年夏天，我接觸了一款搭配桌遊教具的財商課程。這個課程有一個延伸的桌遊工具，透過一套桌遊進行人生沙盤推演的模擬。無論大人小孩都可以在遊戲中體驗自己模擬 20 歲到 60 歲的人生模式。

因為我自己財商啟蒙得晚，所以我很早就想帶著孩子們認識金錢功能與財務的意義。要帶孩子們玩，我自己先去體驗。當時的我，在遊戲中很深的體驗是「我曾經深深討厭的金融業工作經驗，其實是我生命中很重要的能力資源，只是我有沒有拿出來使用」。

由於這份覺醒，我結合自己過去在金融業所學習到的背景與我對兒童與親職教育的興趣與累積，透過一套財商課程與桌遊的代理，合併累積成個人風格獨特的引導式體驗教學。

這也是我開始的第一份創業。很多媽媽朋友曾跟我說：「我花了很多時間在沒有興趣的職場工作，我很後悔浪費了很多時間。」在下一篇文章裡，我想邀請你思考幾個問題，這些問題將會幫助你回顧自己在職場所累積的工作經驗，讓我們一起盤整自己擁有的本事能力，讓它們能高效的應用在未來的創業工作中吧！

個人品牌就是「你在別人心中的影響力」！不只是企業，這是一個人人都需要「品牌力」的時代！

2-3 給迷惘的你：重新與自己連結，以「學習」這個大絕招回到地球表面

2005 年，我正值 26 歲。雖然年輕，卻已在金融業有些不錯的表現，收入也還算漂亮，但我一直有強烈的職業倦怠，非常想轉職。

我喜歡出版業、喜歡寫作，但自認還不到能出書的狀態。我想找尋自己，對於自己喜歡嚮往的事物不夠明確，自信底氣不足，內在更是迷惘。那時，有群銀行業的女同事非常熱衷於討論塔羅牌，也以塔羅牌對

我的性格做出精闢的解析，於是，我報名了塔羅牌的初階課程，想尋覓自己真正的天命。沒想到，這居然是影響我一輩子的決定，讓我踏上身心靈的覺察啟蒙道路。

我很感恩，一開始接觸的身心靈啟蒙老師是清風老師。他是一位德修兼備的身心靈前輩，因為他，我對助人工作有許多對自己的提醒與要求，也因此，我很認真的進修、學習，對自己的一言一行都時時覺察、提醒。

清風老師在我們的第一堂課上對所有學員提問：「你們為什麼會來上這堂課？」當時的我說：「我想認識我自己。」

世上最難的問題，就是「我是誰？」

我是個看似樂觀、其實敏感的人，這樣的落差也體現在網友見面時：長年在網路上分享心情的我，最常遇到網友見面時告訴我：「忻平，妳跟網路上的感覺很不一樣耶！」網路上的我，細膩、溫柔、善感夾雜著直白的分析，而真實生活的我是那種「一旦熟了就會瘋狂大笑、愛熱鬧」的女生。

我知道自己的反差大，但也疑惑我為什麼內外差這麼多？我是不是人格分裂？我到底怎麼了？甚至在我低落的時候，我能怎麼幫助自己走出情緒的低潮？我還能做些什麼？我真的好想知道「我是誰？」

我，真的好想認識自己。

開始上塔羅課之後，生命為我打開了一扇新的大門。塔羅牌的繽紛多樣，各種神祕學符號，色彩的意義、牌卡內蘊含的精神象徵、解牌的各種內在感受的連結與理性邏輯分析拆解，都帶給我好多好多的刺激與啟發。我開始對潛意識充滿好奇，我好想知道在我的冰山下，到底藏了哪些祕密。

透過一次次的抽牌卡過程，我認識自己心裡的感受，在每一次自我對話的過程中，先引導了自己，我開始發現，原來我這麼喜歡與人深入的對話，也這麼喜歡陪伴人。

雖然說起來這是一場無心插柳的學習歷程，但現在回想起來，我非常感謝自己當年就大量投資自己的知識與技能。這兩年創業，當我介紹起自己「我是一個超過20 年的占星牌卡諮詢師」時，常常聽到很多人的驚呼。是的，這些年，我一直在身心靈領域進修學習。從開始的塔羅，到各式牌卡、西洋占星、奇蹟課程、光的課程、家族排列、擴大療癒、巴哈花精，一直到手作的神之眼曼陀羅編織，我都有接觸、上課與持續地鍛鍊加自學，這二十年的歷程，都是本事的累積。

在我持續的學習研修過程中，不止個人能力上獲得鍛造與提升，也同時種下許多幫助他人的好種子。我很感恩自己擁有幫助他人的技能技巧，在這個過程中，許多很深的緣分在我的身心靈絕技中累積，我越來越能洞悉他人的內在情緒感受，我也掌握了與他人對話、深談的技術，除了能力上的累積，也讓我跟很多朋友有了深刻的交情，在對話的過程中累積了深厚的友誼。

想活出精采的女人啊，請持續業外進修

所以，接續前一篇在職場專業技能的累積之外，我也真心很鼓勵大家，如果過去的你，生活只有工作、只有家庭，請一定要保持「業外進修」的習慣。

什麼是「業外進修」？

就是**培養自己的第二專長或興趣**。我認為，人一定要捨得投資自己的興趣。回頭來看，在我在 26 歲倦怠時，

就是因為沒有付出精力、時間去學習過任何有興趣課程，才會持續迷惘。現在回想起來，如果能早一點開竅，也不會原地踏步那麼久。還好，當初的同事讓我看見了塔羅牌的神奇，讓我勇敢跨越了害羞、內向、社交恐懼的性格。我也想不到，在爾後 20 年的人生歲月中，塔羅牌無數次幫助我穿越生命中的幽暗低谷，也沒有想到塔羅牌竟然會是我能成為一個助人工作者的啟蒙，甚至現在擁有一群助人者團隊，共同在身體、心靈領域，幫助很多人身體變健康，生活也過得豐盛喜悅。

在人生中想跨出舒適圈的第一步，往往需要勇氣去冒險。請相信我，地球就是一個超級遊樂場。在每一次學習中，我們都會認識自己更多一些，我們走過的每一條路，都充滿價值、都有意義。在這些經驗中，我們將會跟自己更靠近，會用自己的速度找到真正的心流所在。當你開始在某些事情上，瘋狂投入、沉浸其中到忘記時間，甚至開心得欣喜若狂，不由自主的想要投入無法停歇。就算疲憊、就算挫折，也願意持續前進，那，恭喜你，中了！你已經找到自己心之所向了。

善用「自由書寫」，與自己做連結

我們活在一個「有關係就沒關係」的世界裡，然而，當我們要與「我以外」的人建立關係前，第一個該建立關係的人，其實是自己。從出生以來，我們就一直在與他人建立關係，然而，「與自己連結」卻是首重。

我曾經跟 Sarjo 老師學習過一個與自己對話的方式：自由書寫，到今天還是常使用這個方法，也分享給眾多好朋友們，大家都獲益深厚。

在這裡，我想邀請書本前的你，跟我一起練習跟自己的內在連結，跟自己對話，相信我，你將會感受到「自由書寫」的神奇魔力。

第一步

我想邀請你給自己一個沒有人會打擾的十分鐘，準備一張紙、一支筆，並且把手機關成飛航模式，並為自己設定十分鐘的鬧鐘。

第二步

我要請你靜下心，給自己三個綿長舒服的深呼吸。

第三步

接著，開始隨心所欲地把心中所有浮出來的字、詞、語句、念頭，直接寫下來。這不是作文，不需要語句通暢，也不需在意字體的美醜工整，只要一直不間斷地寫十分鐘。就算出現髒話、粗口，也無需評判或指責自己，只要一直寫下去，這張紙只有你會看到，你很安全，可以放心的。

第四步

時間到，看看自己寫了些什麼吧？

這是一個非常神奇的自我觀照與對話過程，你會意外看見許多過去被頭腦阻擋住的心念、想法、情緒感受、甚至創意，統統都在這十分鐘裡，從冰山下的世界冒出泡泡來被看見，這個書寫不限只做一次，經常給自己獨處留白的十分鐘，相信我，你會更加認識你自己喲！

連結自己的「自由書寫筆記」

第一步	準備紙筆，開飛航，設定一個十分鐘的鬧鐘
第二步	在開始前，做三個長長的深呼吸
第三步	隨心所欲地把心中所有浮出來的念頭，直接寫下來
第四步	有覺知的觀察自己寫了什麼

連結自己的「自由書寫筆記」

第一步	準備紙筆，開飛航，設定一個十分鐘的鬧鐘
第二步	在開始前，做三個長長的深呼吸
第三步	隨心所欲地把心中所有浮出來的念頭，直接寫下來
第四步	有覺知的觀察自己寫了什麼

Chapter 3

一個人也能做：給媽媽／女性創業的五大步驟

我們印象中的創業家都大多都是年輕就成功了，像是賈伯斯、臉書的馬克佐伯格等都在二十歲出頭就成立了公司。

但是你知道嗎？根據《哈佛商業評論》的一項調查顯示，最容易成功的創業者，其實是 45 歲上下的人。

真巧！我正好在 45 歲選擇創第一個業，並在 47 歲迎來第二個事業。這並非巧合，而是做對了幾件事……

黃金圈理論

WHY? 品牌的願景是什麼？

HOW? 目標要如何訂？

WHAT? 產生什麼樣的產品和服務？

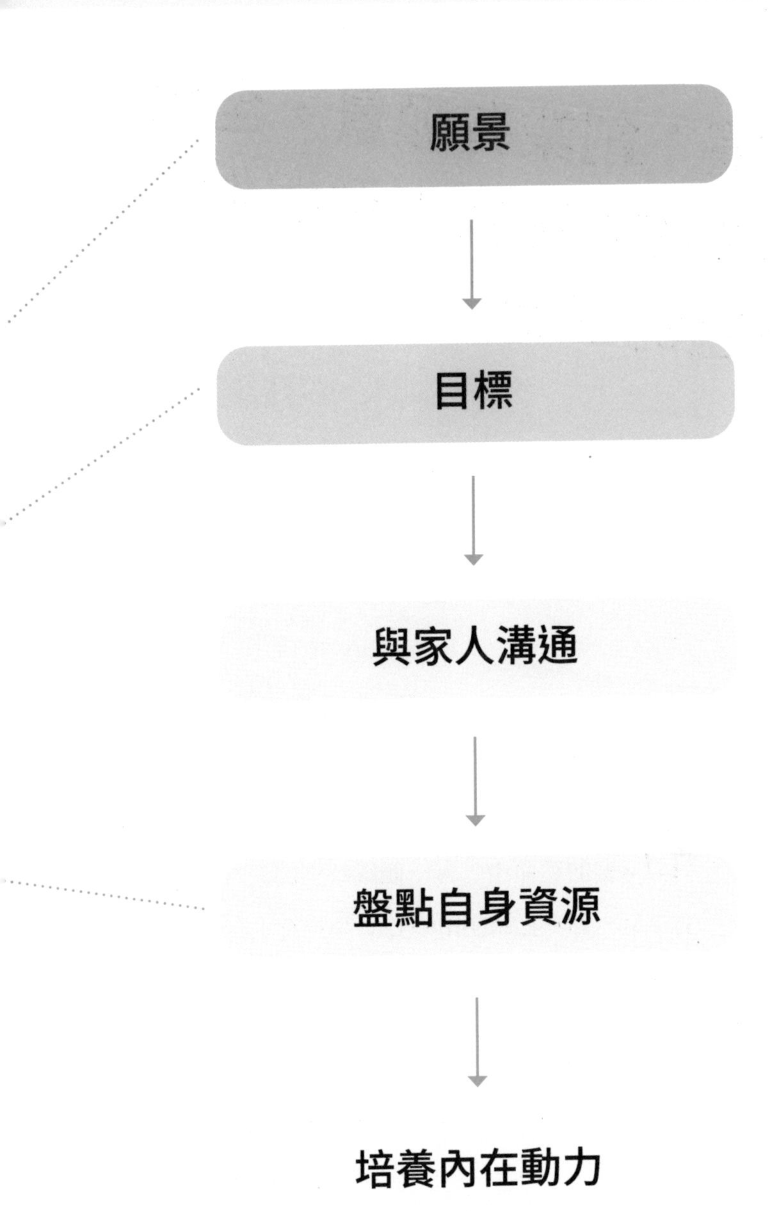
願景
目標
與家人溝通
盤點自身資源
培養內在動力

3-1

願景篇：創業有願景，全世界都會被你鼓舞！發掘你心中渴望的三步驟

在我的第一個創業項目：財富流人生模擬推演桌遊的環節中，有一個很特別的設計。每個人都會拿到一個「生命的指南針」。指南針上寫著「願景」、「使命」、「價值觀」、「熱情」四個名詞。

我第一次看到這四個名詞時，覺得既模糊又抽象。大家天天在說願景、使命、價值觀與熱情，對企業來說理所當然，那對於個人如我呢？到底什麼是願景？

是什麼把我們變成「不敢許願」的人？

剛開始，每一次把指南針放上沙盤中的夢想格子時，我都覺得不踏實，因為我不懂那個動作背後的重要意義是什麼？就像單純複製行為，如果無法參透背後的奧義，那也只是依樣畫葫蘆的行為模式而已。一次次的沙盤推演，一次次的參透，終於，我找到了自己對「願景」、「使命」、「價值觀」、「熱情」四個名詞的定義。

願景，就是願望中的景象。當我們閉上眼睛，跟自己的內心連結，你願望中的景象長什麼樣子？你在哪裡？裡面有誰？你們在做什麼？什麼樣的表情？什麼樣的景象？那便是你的願景。

在我成為財富流教練帶領人生沙盤推演時，經常遇到很多朋友是不敢許願的。很多人對生活或生命已經失去希望與嚮往，不敢計畫未來，不敢許下願景，連想都不敢想。究竟是什麼讓我們變成一個不敢許願的人呢？

很多時候，我們把願景想得好大、好遠、好難，但，其實，我們可以從一年、三年、五年的願開始。誰說一定要許下一輩子的願，我們可以調整啊！於是，我開始敢想、敢許願，我要為自己設定一個 3 年計畫，我要成為一個擁有助人者團隊的創業家。我願望中的景象是有一群夥伴，我們個個武功高強，有占星師、有牌卡師、有芳療師，有各種強大的助人者。

第一步，我決定花 3 萬元去取得財富流教練的學習與資格，接著投資 8 萬 5000 元拿下財富流這個財商課程的小試牛刀代理權。現在回想起來，當年的這個 12 萬竟讓我猶豫了很長一段時間。

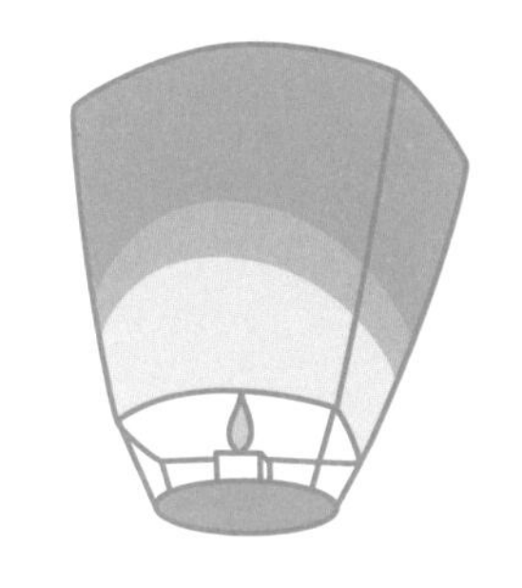

身為一個 12 年的全職媽媽，長時間沒有自己的工作所得收入，要跟先生討論這個投資時，我猶豫再三，總會擔心先生不支持。於是，我先從財富流教練課程的學費開始著手。

在我的評估推測之下，身為一個初出茅廬的財富流教練，一場需時 3 小時的財富流沙盤推演的基本模式大約可以收取每位學員 800 元的費用，一場推演最多可以有 6 位學員，那麼一場推演將可以創造約 4800 元的收益。3 萬元的學費只要畢業後進行 6 ～ 8 場推演就可以回本，再來就是我的淨收益了。

計畫完畢之後，我開始招募我的股東。首先，我先去遊說我媽媽成為我的創業股東，很開心願意支持女兒重出江湖的媽媽贊助了我 1 萬元的學費，接著我去找了我先生。我問先生說：「老公，我媽媽願意贊助我去學習一技之長的三分之一學費 1 萬元，那你能不能也成為我的股東，贊助我的學費呢？」聽到岳母大人都贊助了，於是，先生也贊助了我 1 萬元的學費。

此時，最令我意外的事情來了，當時我的兩個女兒分別念小學三年級與五年級。她們竟然在聽到爸爸贊助我的學費時，主動開口說：「媽媽，我也想要贊助你！」這簡直是太令我驚喜了，原來，孩子就是我們的縮影，她們在媽媽的重要時刻也願意成為支持媽媽的一份子，於是兩個女孩討論了一番，決定一人贊助媽媽 5000 元的學費。這個小小的家族企業就此成立，我的股東到齊，分別是我的媽媽、我的先生與我的兩個女兒。

事後回頭看，我真的很幸福也很爭氣。我的家人珍惜我 12 年在家當全職媽媽的付出與陪伴，而我也珍惜他們對我的全力相挺，不但賺回了所有投入的成本，更務實踏實的理財與分潤，一路努力爭氣的走到現在，真正的實現了當初設定的願景，非常值得。

用問題來設定探索出美好願景

我從《不被工作綁住的防彈理財計畫》一書中借鏡了幾個問題，這幾個問題容易敲打心靈，讓你在反覆思索中明白自己的願景，想要知道自己願景的人，不妨跟著我一起做吧！

第一步：試問自己

【日常生活】**你最快樂的時間是……？**

· 跟誰？在哪？做什麼？

你想要每天可以空出時間做什麼事？

· 料理、散步做瑜伽、運動、吃美食，還是什麼呢？

哪些時間點或人生的里程碑對你來說，意義重大？

· 例如，你希望可以在 40 歲離職、創立自己的事業（或工作）？

· 或者，你希望何時自己的收入能翻七倍呢？

【個人夢想】**你這輩子有一定要完成的夢想嗎？**

· 比如，有一家咖啡店，寫下屬於自己的一本書

· 還是踏遍世界各角落？邊旅行邊工作？

【自我價值的定義】**你是否努力達成其他人的期望？**

· 比如，你曾為他人眼光，做出某些人生選擇嗎？

· 滿足了他們的眼光，你感受的是正面激勵？還是負面的虛無？

工作上，讓你最有自信的一點是什麼？

· 哪些技能是別人比較缺乏的？

你的個人願景裡還有其他人嗎？

· 你的工作夥伴是否包括家人與先生呢？

· 他們在你的願景裡扮演什麼角色？他們也會一起共創未來嗎？

在參與的社群中，你最重視的是哪一些？

· 哪個社交圈、社團讓你最開心？最有共鳴的是哪一群人？

【生命的意義】**離開人世的那一天，你希望別人記憶中的你，是什麼樣子？**

· 你希望別人怎樣寫你的墓誌銘？記得你的成就或貢獻嗎？

第二步：整理答案清單

把前面思考過的答案做個整理：

❶ 將你探索出來的答案圈選出來，寫成小卡

圈出你怦然心動的答案。為每個類別做一個總結。找出跨越類別的類似主題。思考為什麼這個答案會讓你覺得怦然心動？這會為你的人生願景帶來不同觀點嗎？

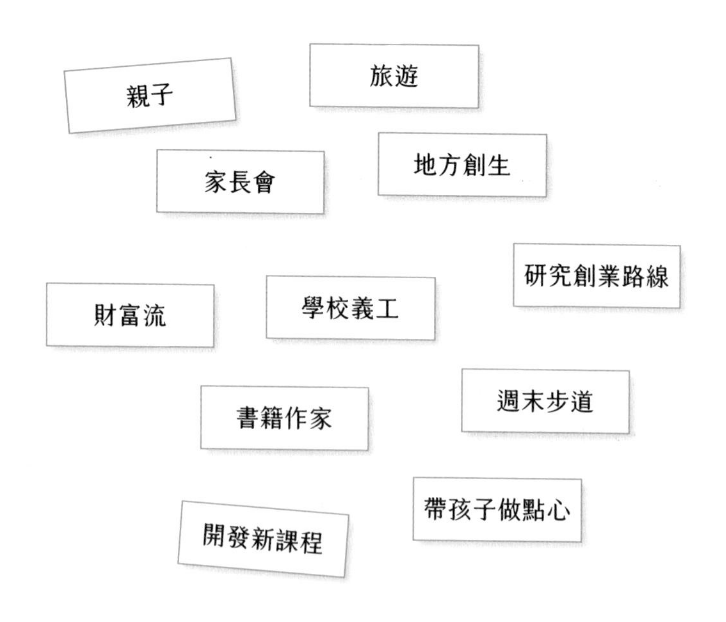

❷再細挑出對你別具意義的

像是我覺得相對於其他事情來說，書籍寫作、開發新課程、研究創業路線和社群經營這四樣更重要，所以我就寫在不同的卡紙上，讓我的生命主題更凸顯。

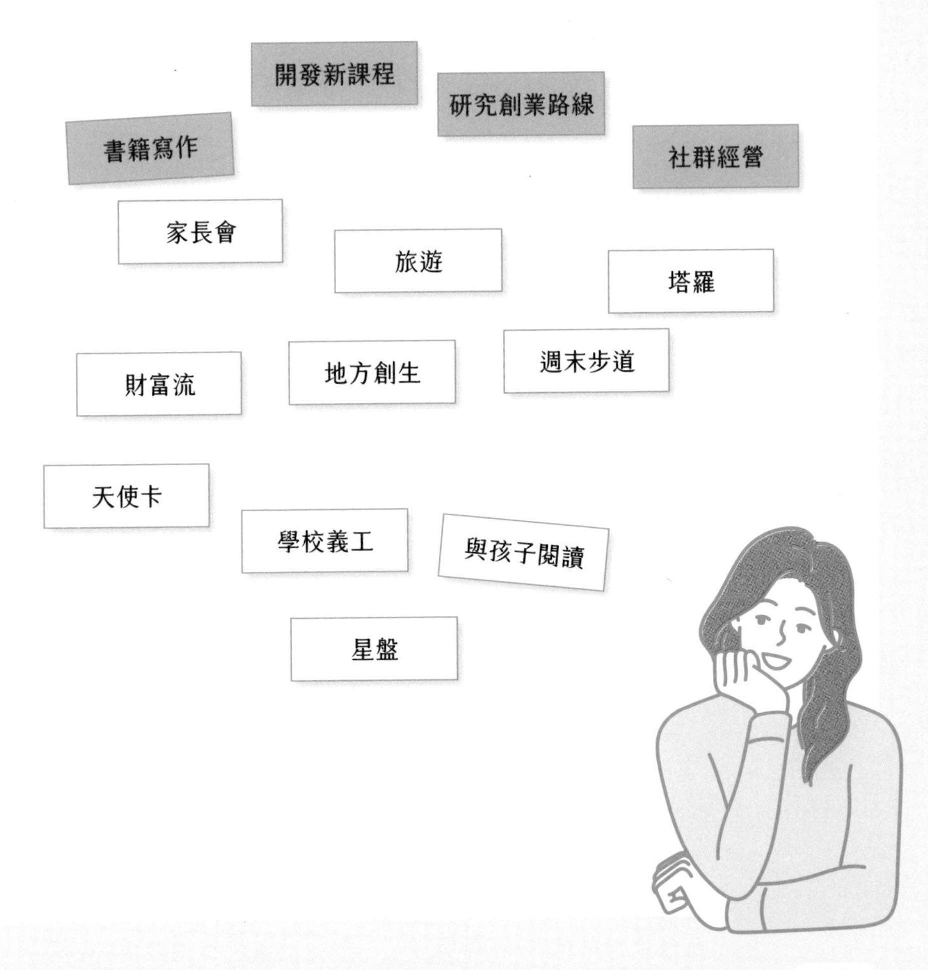

❸用分類來定義你人生三大核心願景

我發現這些想做的事，大致可以分成三類型：親子、創業、自我探索，於是把它們分類開來，一目了然。

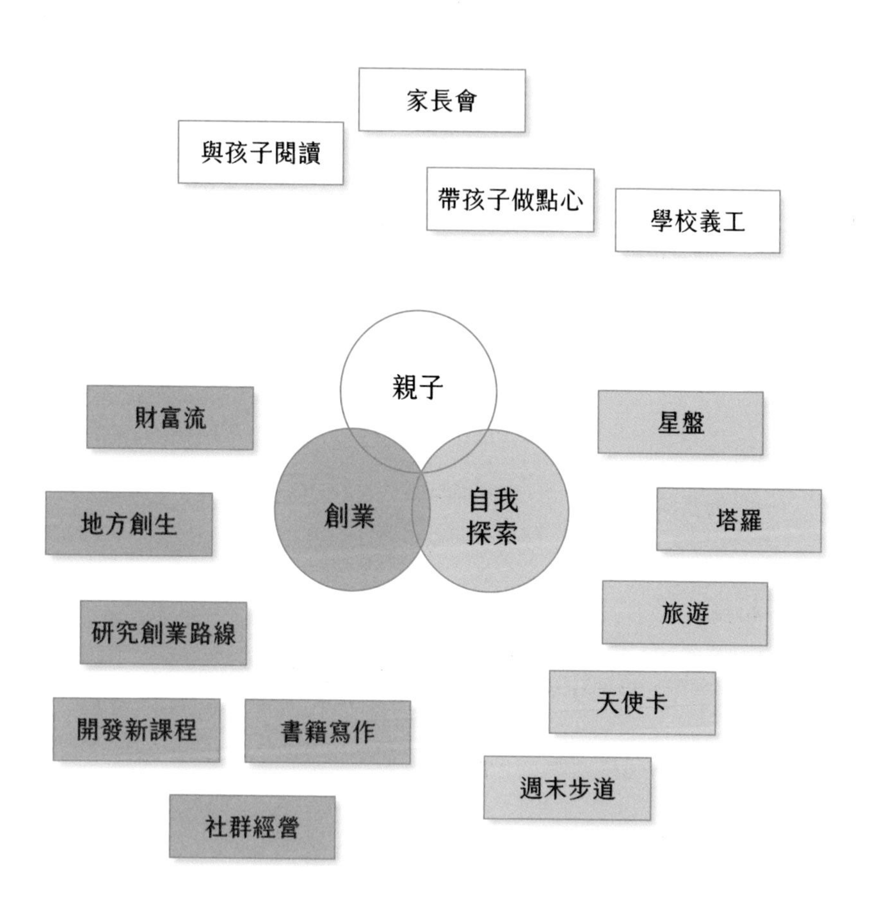

第三步：找出最想立刻執行的願景

圈出現在就可以改變的事，刪掉不切實際的選項，像是《不被工作綁住的防彈理財計畫》本書作者刪掉攀登聖母峰這個選項，因為她有氣喘和其他遺傳疾病，於是把實現這個夢想的時間挪去寫作和旅行。

下一篇文章，我會教你怎樣從願景到執行。

不再被工作家庭綁住，重新思考比重，好好把握撲面而來的每一個機會，實踐更有價值的女性人生！

第一步：試問自己

【日常問題】你想要每天可以空出時間做什麼事？

【日常問題】哪些時間點或人生的里程碑對你來說，意義重大？

【夢想問題】你這輩子有一定要完成的夢想嗎？

【自我價值定義】你是否努力達成其他人的期望？

【自我價值定義】工作上，讓你最有自信的一點是什麼？
【自我價值定義】你的個人願景裡還有其他人嗎？
【自我價值定義】在參與的社群中，你最重視的是哪一些？
【生命意義】離開人世時，你希望別人記憶中的你，是什麼樣子？

第二步：整理你的答案清單，再挑相對之下更有意義的！

第三步：找出最想執行的願景

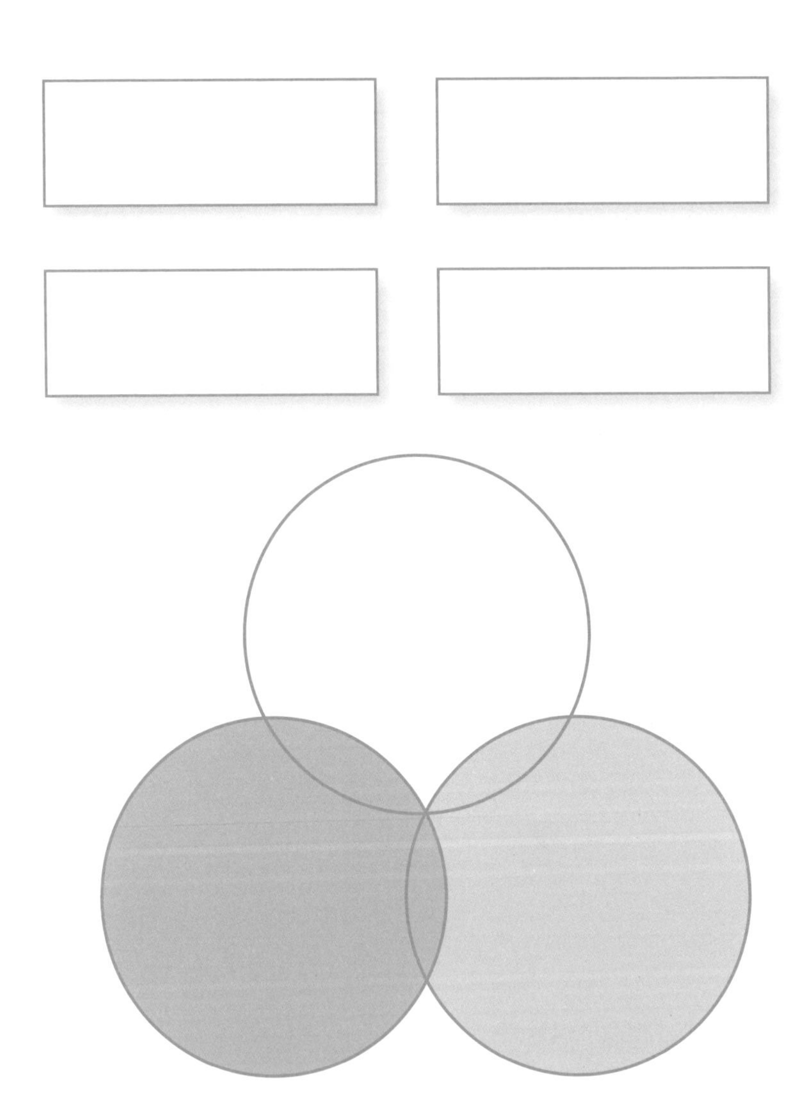

3-2 目標篇：創業目標不用很偉大！先給自己一個簡單的目標就能開跑（with. 創業清單）

找到願景的我，花了很長一段時間不停地在生活中反覆驗證：「這真的是我的願景嗎？我真的想每一天都如同願景中的一切生活著嗎？」在生活中反覆地感受體會與琢磨之後，我很深刻的體會到，這真的是我的願，我真真實實的每天都在這樣的願景中度過每一分每一秒。也讓我深刻的明白：

要達成願景，我必須擁有「目標」。

人生在世，如果以六十歲退休為一個簡單的基準點，那麼當初四十五歲計畫創業的我還有十五年。（當然，如果做著自己超級喜歡熱愛的事情，我相信六十歲的我還是可以活力無限的持續前進吧！）以十五年的基準來看，我又要如何設定我的目標呢？

我一直很喜歡一句話，「當你擁有清楚明確的目標時，你要的結果就會發生。」

在最開始的我，其實很難設定中長期的目標。但，對我來說，設定短期目標卻是很有經驗的。以創業為例，第一件事就是整理資源與明確我的下一步計畫。無論第一個事業的財商課程代理或是第二個事業的健康產業經銷商，我的第一步都是取得這個事業必備的專業能力。印度民族主義運動領袖甘地說過：「如果我相信自己做得到，我必將取得所需要的能力，即便一開始我可能沒有。」

在第一個事業上，我第一件事就是取得成為一位財富流教練的資格，我努力在三個月不到的時間，達成了財富流平台規定的 30 次推演＋復盤紀錄的官方認證教練資格。而在我的第二個事業上，我在成為商品使用者的第 17 天就通過內部訓練測驗考試，取得了公司合格的顧問資格。此外，所有公司舉辦的分享會、助教培訓課程、教練顧問考試複訓、團隊經營訓練課程，我一律參加上課之外，為求深度的融會貫通並結合落地踐行的行動方案，我還不止一次複訓，去知行合一。

這些，都是我很清晰要經營事業必須先空杯學習的第一階段目標。而我在進行基礎學習的時候，我就已經在開始思考我的下一步是什麼？

無論第一個事業或第二個事業，要取得經銷權都需要設立登記公司。一方面堅信種子法則的我，非常認同設立登記公司並依規行事與納稅。於是，我開始研究開公司需要準備的事項，詢問前輩設立登記要注意的眉角。此時才發現原來選擇「行號、有限公司、股份有限公司」都有背後的意義與規範。

現在回首這一切，我很感恩自己一直很篤定地為了自己渴望的方向踏實的走穩每一步。我在任何領域開始前，都是小白、都是一張白紙。但，我從不自我設限，我永遠虛心請教與學習。我沒有人云亦云，始終明確精準地知道我要去到的地方，依據我要創造的結果，設定清晰的目標，一步步腦袋清楚、穩定踏實的累積知識與學習，走上要去的方向。

所以，當你已經擁有了明確的願景，知道了人生方向，那麼你將進入目標設定的環節。在這裡，我也為你送上設定目標可以參考的幾個方向：

❶建立明確的目標清單

在願景中，我們將會看見遠方的畫面，然而，透過整理與書寫，你可以列出達成願景的必要條件。我們可以從「人事時地物」這五大重點開始條列。

人

第一個人是自己。在這個願景中，自己需要具備什麼樣的本事與能力。已經擁有了嗎？如果有，如何持續累積晉級？如果沒有，可以如何累積？除了自己以外有沒有人可以請教。我很幸運的在第一個和第二個事業上，都有一位很好的朋友柏丞支持我，也有許多好友、前輩與我的另一半可以討論。有人可以討論與共同努力，何其有幸。

再來是否需要團隊，需要的話，是現在就必須組建或是可以分階段進行？這些都是目標清單很好的提問與判斷依據。

事

在達成願景中，必須完成的事有沒有先後順序。如果有，我們把它一一的列出來。我很喜歡使用心智圖作梳理，在列出整理一件件必要達成事項時，我可以在心智圖軟體上調整先後順序與主從順序。這可以幫助我整理出先後順序與重要性，就連備課或寫書大綱準備，我也是這樣進行規劃的喲～

時

每個事件都有先後完成的時間點，而每個事件也有各自需要的準備時間。所以給自己明確的時間計畫與安排，有精準的時間感是很重要的目標設定依據喲！

地

在網路發達的現在，有很多事情可以雲端連結、異地辦公。但也有某些事情只能在一定的地方才能完成。就像設立公司登記，要選擇設立在自宅或是現在很流行的商辦空間，就會是評估考量的選項。有些朋友的工作項目會需要實體空間工作室，那也要有預算與選擇需要被評估。這些透過目標清單的列表也能幫助我們判斷做決定。

物

在實現目標的同時有些物品是必要性的投資項目。像手機、電腦、平板等 3C 硬體設備，或是像我成為財富流教練就必須投資一些課程必要的配備，像我代言的 TCL 品牌平板與手機都是 CP 值很高的好選擇，如果你和我一樣有在經營自媒體，像是 Podcast 頻道的打造，聲音品質就會是很重要的條件之一，那麼購入「聲卡硬體」或是「適合我聲線的麥克風」就也會是成本考量與物品採購的重點投資之一。

我很習慣把所有必要的工作，透過工作明細表與心智圖列出彙整，這是能讓我看清楚自己有哪些代辦事項的重要模式。透過輸出彙整與定期審視，可以讓我清楚快速的跟進自己該做的工作內容，也會提升我的工作效率。

❷聚焦力及執行力

當我決定要做一件事情時，我往往會把所有的重心與焦點都集中在這件事情上。股神巴菲特曾讓他的私人飛行員列出自己的 25 個目標，並且逐一審視刪除次要目標之後，留下關鍵的 5 大目標。這些留下來的目標就是無論如何都一定要實現的 5 大目標。而巴菲特要他們把刪除掉的 20 個目標放進「無論如何、不惜代價也要避免」的清單項目。

巴菲特在做的就是**戰略集中**。這個世界雖然是一個不公平的世界，但是，也有一個唯一公平的「時間」，我們每一個人都擁有一天 24 個小時。大家能付出的時間精力都有限，當要的東西太多時，就無法集中火力在第一順位絕對想要的成果上。所以，聚焦很重要。一次把一件事情做到最好，再去想下一件事情，相信我，你會又好又有效率的。

❸對自己負責

我很常遇到身邊的朋友跟我說：「忻平，我很想開公司創業，可是……」每次只要「可是，但是……」這兩個字出現時，往往也就是各種理由藉口出現的時候。

我常常覺得，如果真心想要，是不會讓「可是、但是」有出來搗亂的機會。任何事情只要你足夠想要，再大的難，只會想著「我還有什麼辦法可以解決」，只有「我要解決它」。

所以，對自己負責是人生中的第一步。只要你願意，永遠可以想辦法去試，想辦法去 do something。你是唯一要為自己生命負責的人，沒有人能加壓於你。如果你對你的人生不滿意，如果你渴望改變，那麼我支持你，你隨時可以「停—看—重新做選擇」。

只要停下腳步，回顧過去的自己，過去的選擇創造的結果，你永遠可以選擇與過去不同的思考模式、行動方案，你永遠可以重新做選擇。不一樣的選擇，將會為你創造不一樣的結果。

每一天都可以是嶄新的一天，為自己設定好目標吧！

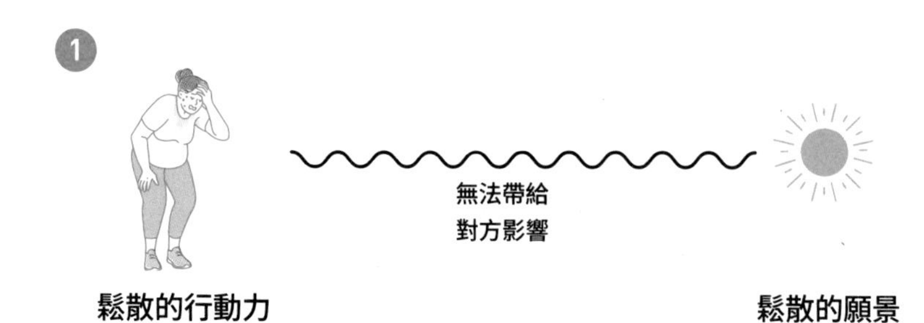
1
無法帶給
對方影響
鬆散的行動力
鬆散的願景

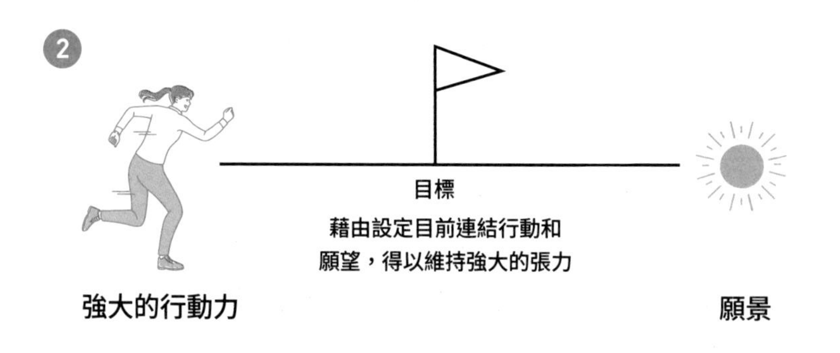
2
目標
藉由設定目前連結行動和
願望，得以維持強大的張力
強大的行動力
願景

❶建立明確的目標清單		
人	在這個願景中，你是否已經具備了本事與能力？	EX. 你業務、助理、會計
事	在達成願景中，有沒有先後順序必須一定要完成的事？	EX.
時	每個事件都有先後完成的時間點嗎？	EX.
地	地點該在哪裡呢？需要辦公室嗎？	EX.
物	在實現目標的同時有些物品是必要性的投資項目？	EX
❷聚焦一定要做的事		
❸對自己負責：現在就可以做的事		

3-3

溝通篇：創業前，請先跟家人深談對話，我們都需要做好準備

我在大學唸的是企業管理，因為是商學院，一畢業就很順利的進入金融業工作。超過十年的金融相關經驗，從企劃、系統協調到客服與撥款，雖說工作上順風順水，收入也相較同齡朋友優渥，但其實，我對金融業的興趣並不大。

現在創業之後回頭看，我才明白，其實我的性格遇到喜歡熱愛的事，會全力以赴百分百衝刺到底，相較

於上班族——無論怎麼拚命也不是在創造自己收益——的角度來說，我更適合擁有自己的事業。

在我鐵了心決定要結束 12 年全職媽媽生涯，重出江湖之後，我在目標清單上把需要準備的能力、資金梳理了一番。第一個事業跟第二個事業要成為經銷商，都有各自要準備的初始成本。課程代理有權利金，而健康事業也有進貨的成本費用，身為 12 年沒有主動收入的全職媽媽來說，要動用到家裡的大筆預算，自然一定要跟另一半討論。

做好財務管理，有效控管創業風險

我們家打從結婚，帳就不是我管的，因為我明白對我們夫妻倆來說，正中管理金錢的能力比我好，相較於他，我比較容易衝動消費與購物。然而，我是一個配得感很高的家庭主婦。

在我剛開始成為全職媽媽時，先生會固定匯一筆五萬或十萬的現金到我的帳戶任憑我自行支配使用，用完了再跟他說，他會再去匯款。然而，有時候我花錢不知節制，很快地又要請他匯款。

幾次下來，不只正中覺得不行，我也覺得很可怕。尤其兩個孩子都還在就讀私立幼兒園的階段，光是兩姊妹一年的幼兒園學費就要超過 45 萬的狀態下，看著正中很明顯的金錢焦慮，我覺得我們一定要有對財務上的共識和計劃。於是，我主動提出了第一次資產盤點的建議。

印象很深刻，正值我的大女兒正在念幼兒園大班、而小女兒念小班的那一年，我們倆夫妻趁著孩子熟睡的幾個夜晚，把全家每個月的開銷都計算出來，季繳或年繳的費用也平均分攤在各個月分中，一鼓作氣地算出我們家每個月的必要支出費用。

接著我們開始計算所有的主動收入與被動收入，計算完畢之後，我們就知道了每個月的可動用閒置資金有多少。而當時的我有了一個 idea，我們開始做了資金上的分帳戶管理。我們把可以動用的資金分成了幾個不同的區塊，分別是緊急預備金、學習基金、定期定額的投資基金、度假與大餐的配得感基金，並且保留了一些現金在帳戶，方便臨時動用支付。

其中緊急預備金是因應臨時狀況而設立的，每個月存入固定金額、不可以動用。我們設定了一個緊急預備金的安全水位，那是彼此都能有安全感的現金帳戶，然而，隨著每個月定額的存入現金，一段時間就會超過安全水位，超過整筆時，我們就會將超過的部分提領出來作為 ETF 或股票投資創造被動收入。

也因為我們這樣的溝通，正中也就緩解了他的過度消費焦慮。

溝通，永遠都要量身定做

其實這不是第一次我們面臨生活上需要溝通與調整的時刻，過去的我不是一個擅長溝通的人，正中曾經這樣說過：「你什麼都好，就是脾氣不好。沒想到隨著結婚越來越久，你竟然脾氣越來越好，真是賺到了。」正中說的是大實話，我不是天生就擅長溝通的，很多時候，我是在生命歷程中累積大量的溝通經驗，我也是在生命歷程中累積大量的溝通經驗，即便在不同的理念價值觀中，也要想辦法取得平衡。且彼此都要明白，溝通是帶著愛與善意，沒有攻擊、沒有傷害。

說是這樣說，但其實還是一個需要不斷在生活中鍛鍊溝通與對話的過程。在溝通上，我花了很長的時間在心理學與助人技巧課程上的累積與練習，像我這樣天生社交冷感的女生，這些都是很重要的學習成長。

在這裡，我也分享幾個我在與另一半或家人對話時刻意練習的心法，相信對於雙方關係上有很大的幫助。

適當的時機點

因為住在一起、關係又緊密，很多時候，我們在做很多事情的同時，一心多用的在溝通。但因為無法專注聆聽與對話，往往也造成溝通不到位。在很多次的無效溝通之後，我開始思考，到底在什麼樣的狀態下溝通才能創造最佳效果？於是，我發現了下面幾個時間段，是溝通上的絕佳時機。

1 孩子們入睡後

我家的孩子們從小都早睡，因為媽媽想要早早下班休息。每當孩子們進房間準備睡覺，就是我們夫妻躺在床上滑手機追劇、聊天、耍廢的時刻。這個時候，身心放鬆，身體的副交感神經準備啟動，往往也是最容易說真心話、坦誠相見的時刻。

2. 車上

因為家住淡水，我們假日要去台北或逛街吃飯，都會有一段車程。這種夫妻倆或全家人困在車子裡的時刻（對，你沒看錯，就是困！哈）反正在車上，滑手機久了也會眼花，聽音樂聽久了也會吵，在這時候，我最喜歡善用搭車的時刻，讓彼此在有限制的環境空間中，好好對話、好好思考。

3. 小約會時光

雖然沒有跟長輩同住，一家四口也有各自可以獨立的獨處空間。但在家，要談一些重要的話題不免會受到干擾。無論是跟另一半或是孩子，只要是有需要好好對話聊聊的時刻，我就會約去吃早餐、喝下午茶，或甚至去散散步走走。這是專屬彼此的時間空間，準備好彼此的舒服心情才能處理事情。

所以適當的時機，會為我們做好溝通的前 15% 準備，前面順了，後面往往也就輕鬆多了。

主動聆聽

什麼是聆聽？聆聽的聆，是傾耳細聽的意思。專心而仔細的聽對方說話是一種基本尊重。而傾聽分為兩種，分別是主動聆聽與被動聆聽。

所謂的主動聆聽，就是帶著同理心、不帶批判、不急著表達個人看法，充分關注對方表達的觀點，真誠的關心。而被動聆聽則是在聆聽的過程中單方面地吸收訊息，要嘛聽了不回應，要嘛急著反駁或澄清對方話語的內容，要嘛沒有用心理解對方的話。

我以前是一個很愛打斷別人說話、急著表達自己立場想法的人，有時候太過本位主義，只想到我自己。在經歷了國小志工隊服務、家長會，一直到財商課程代理與健康事業創業過程中，我發覺自己在聆聽上的不夠體貼。剛開始，真的會忍不住想開口打岔，現在腦袋就會閃過「讓人家先說完」的念頭，就又把那口氣吞回去。從開始的短短五分鐘就提氣四五次，一直到現在可以安安靜靜地聽對方把要說的話說完，真是一條刻意練習的漫漫長路呀！

重述與核對

我們在很多時候會有一種「你聽不懂我說什麼」的沮喪感，這是溝通的絆腳石。在一次「教練式指引」的課程中，我學會了一句話：「我聽到你說的是……」這句話跟我在心理學課程上學習到的重述與核對技巧有異曲同工之妙。「我聽到你說的是……」是一種我有聽到你說話的在乎感，也是一種重複敘述的技巧，而核對則是換句話說的概念。我聽到你這樣說，而我對你說的話有這樣的理解，就是跟對方核對的 double check 概念。

在這裡經過重述與核對，我們可以更確保彼此的溝通在同一個位置上，而不至於落入各說各話的狀態中，是很重要的一個環節喲！

充滿好奇的提問

在溝通時，我常常會把我想討論的主題包裝成好奇的問句來問先生小孩們。

例如：

· 如果我要結束全職媽媽的生活模式，開始工作，我們會不會有什麼生活上的改變啊？

· 那有這些改變之後，現在的生活會遇到什麼的不一樣？
· 這些不一樣，我們會覺得不舒服嗎？
· 會不會也有什麼好處呢？
· 如果會有不舒服，那我們可以怎樣做來讓這些不舒服降到最低？

對，我很愛問問題。我不喜歡說教，也沒有人喜歡被說教。很多時候，我也會明知故問，因為我說出口的答案和先生小孩口中回答出來的答案，力道很不一樣。因為是他自己說的，那就不是我告訴他，而是他也這樣想。

我們都有內在智慧，我很喜歡的人本心理學家羅吉斯 Rogers 認為：「在心理治療的過程中，最重要的力量是『當事人』（client）自我了解和自我重組的能力，而非他人所給予的指示或教導。只要處於被接納、理解及尊重的心理氣氛之中，此種能力就能夠主動的發揮作用，從而改變自我的人格、態度與行為。」所以，透過提問回答的重複循環，我們不但更能理解彼此，也能在對話中整理自己、看見自己，找到對彼此都好的最佳解方。

溝通是關係平衡的重要關鍵，感謝長久以來，我的另一半或孩子們都很願意與我大量的對話，而我們也在對話的過程中，有了對彼此更深的了解與尊重，一步步練習良好的對話模式，也在同理包容彼此的前提下，明白我們都是帶著愛的出發點在關心理解著對方，共創尊重又互愛互信的相處模式。

不要怕溝通失敗，即便在不同價值觀中，也要取得平衡，且彼此都要明白，溝通永遠是帶著愛與善意，沒有攻擊、沒有傷害。

3-4

盤點資源篇：挖掘出你能拿出來和人戰鬥的東西

在決定創業之際，我曾經完整做過一次資源盤整，確認自己手上握有的資源與欠缺需要努力的部分。

寫到這裡，你腦海裡有冒出這樣的念頭嗎？「天啊～創業也太麻煩了吧！」、「那我不要創業好了，現在這樣簡單多了。」

如果你這樣想，那我真心建議你維持現狀就好了！

因為身為一個創業者，創業初期的準備工作做得越深，成功的機率越高。心理準備的越多，堅持下去的毅力與自我要求的自律也會越深。

盤點什麼資源呢？我會支持你從五大元素看起。

所謂的五大元素，分別代表著：

時間、能力、交友圈、體力與金錢。

❶時間

如果你是固定的上班族，你的週一至週五自然是被主業占滿，那麼，你需要妥善規劃你的業餘時間，無論用在交際、進修、家庭經營或休息，你相對擁有的自由時間少了許多。

如果你像過去的我一樣是全職媽媽，那麼你擁有的是大量「碎片時間」，如何妥善運用你的碎片時間就至關重要。像當年的我，就很擅長將碎片時間用在自媒體的經營上。透過高頻率的輸出練習，我在刻意練習中提升了自己的文字處理能力，我可以很快的產出一篇日記，也可以快速的整理自己的學習紀錄與思緒分享在臉書或網誌中。

這個世界最公平的地方就是每個人都有 24 小時，如果能善用時間，你將比別人累積更多學習、創造更多可能性。

❷能力

在本事上，我想邀請你回顧從小到大，你有過哪些學習歷程，有什麼引以為傲的優勢能力與專長。

我常常覺得華人市場的大家，異常的謙虛。我遇過很多朋友，明明能力很好，卻常常覺得自己不怎樣，沒有很厲害。大家普遍不敢展現自己。很多時候我都好想說：「親愛的，你真的很棒，可你為什麼沒有看見自己的亮點？」

如果，大家都願意把自己的能力拿出來運用，貢獻自己的本事在這個世界，我相信這個世界會變得更有趣與豐盛。

❸交友圈

這是一個沒有人脈就萬萬不行的世界。我常常覺得很慶幸，無論學生時期、工作時，學習身心靈課程期間或成為全職媽媽的 12 年裡，我有很多朋友。我的朋友圈很廣泛，各式各樣的朋友很多。

然而，很重要的一件事情就是，重點不是朋友有多少，而是「你幫助過多少人」。

就如同我經常無意間運用了我的牌卡占星能力，幫助了身邊正面臨某些選擇困難或心靈受困的朋友。在此過程中，我也建立了自己很好的人設。朋友們常常覺得我可以信任、嘴巴緊，也覺得跟我對話的過程中能感受到我對他們的在乎與溫暖。而這也讓身邊的好友對於我的自我要求與品質標準有一定的肯定，相對地對於我喜歡的、追求的與推薦的人事物會有相當程度的信任！

如果你自認是一個朋友不多的人，那麼，我也要跟你分享我的經驗。我本性其實是一個內向害羞的人，我很喜歡獨處，所以寫作是我的舒適圈，因此，社交、交朋友甚至聊天，都是我刻意練習而來的。我開過一門課「一學就上手的神奇聊天術」，無論是上網、喝咖啡、吃飯聚餐、打電話或出去玩，不管哪一種，都離不開聊天。

其實，聊天也是可以刻意練習的喲！想學的話，可以聯絡我去講一場講座。

❹體力

每個人的體力狀況都有所不同，有的人體力好、續航力高，有的人需要比較多的時間休息。如果身體精力較差的朋友，那麼在每天行程的安排與規劃上，就要格外注意。像我就是那種四處跑四處衝的人，我反而要注意給自己留一些獨處的空白時間休息，才不會過度內耗喔！

❺金錢

創業在所難免都需要資金，做好財務規劃與財務報表是非常重要的一件事情。在我創業後，一律使用公司帳戶進行收支款項，避免公私帳不分。除此之外，也可以透過報表明確知道自己的收益狀況，這是非常重要的事情，身為創業者得要清楚自己的帳務與資金管理。

而每個月的會計帳，我則是交由專業的記帳士協助進行記帳及稅務工作。我非常相信術業有專攻，該交給專業管理的，不猶豫，直接付費解決。

相信我，只要你的資源盤整到位，你會很清楚知道自己手握的有哪些，可以如何運用，都將是讓你更有底氣的過程喲～

3-5

心態準備篇：如何培養你的內在動力？

當年大女兒在 2010 年出生時，接觸了孕婦瑜伽與溫柔生產理念的我，選擇了在台灣相對罕見的水中生產模式。孕婦瑜伽是我非常推薦給想要孕程順暢朋友的運動，我在第一次懷孕的時候，花很多時間上網查詢相關的資料。

一直以來，我對於新的生命經驗都會秉持著做功課、找資料研究的心態，當時研究的資料提到產程進行孕婦瑜伽的鍛鍊可以強化骨盆和大腿肌群，對於產程的推進與肌肉的運用都有很大的幫助。

而我自己兩胎孕程的實際經驗也是如此，除了身體的鍛鍊準備以外，我覺得更棒的是我的孕婦瑜伽老師會在課程中分享關於自然生產的知識，而我也是在課程中接觸到了樂得兒產房、溫柔生產的理念與水中生產的相關知識。

當時研究了一番的我，經常花很多時間跟正中一起討論這些點點滴滴，我們就像一對共學「如何生小孩」的同學，一起討論看到的內文與觀點。一開始，他對於「水中生產」有他的顧慮，針對他提出的想法跟疑問，我也會找資料或跟老師討論，再回來跟正中說明。

我們的溝通就是這樣在日常生活中彼此尊重、共同學習而累積出來良好的默契。

研究、思考、評估，然後做出選擇，現在回想起來，創業跟生小孩還真像。這是一個資訊大爆炸的時代，很多資訊、知識、圖片和金句都會快速被流傳。很多做法、很多學習、很多知識會透過眼球效應被快速的散播傳遞出去。然而，正因為取得容易、散布也容易，獨立思考能力就顯得格外珍貴。我們很需要鍛鍊自己的覺察力，停下腳步、搜集資料或向內探索自己的需要與想要，然後思考做出決定與判斷。在生命歷程中，我們很容易會落入自動化的圈套，習慣性地以反射動作採取行動，不免會落入人云亦云的圈套中。

在每一次找資料或他人建議做法時，當我也想跟著做時，我會為自己按下暫停鍵，試著去思考別人這麼做的起心動念是什麼、思考照做後對自己的影響，看見這一切選擇可能帶來的後續狀態是什麼？

因為所有的選擇都經過自己的獨立思考與判斷， 三思而後行，所以，我的每一步都充滿意義、每一步都了然於心，每一步都想得清楚明白通透、每一步都對自己與他人負責任，所以當我做出不一樣的選擇，或是決心改變時，會有更大的信心與底氣去面對改變。這也是我能面對改變的勇氣。

在前一篇中，我們提到的設定目標，當目標設定完成，就是行動的開始。目標的設定如果容易達成，那麼停留在舒適圈的我們，自然無法創造超越原先生活或事業的新局面。而目標既然有些為難度，自然需要擁有「面對改變的勇氣」 。

知名的心理學家阿德勒曾說過：「勇氣，是在恐懼中起身前行。」我們之所以會感到害怕，往往是因為未知的恐懼帶來的焦慮不安，也因此而不敢採取行動。

然而，透過願景、目標的設定，我們已經突破了恐懼未知的黑洞，面對目標也已經衡量過各種可能性與後果，剩下的只有在過程中可能的各種變數與變化，有些是可提前思考預測的，有些只要已經百分百在每個當下都盡力了也就可以放下。

所以，很多時候，不是我們缺乏膽識，只要提前準備好計畫與目標，對結果足夠的渴望與想要，你將會有勇氣前行。

Chapter 4

善用好工具，成為熱情又精明的專家！

雖然我們每個人都是一個小小個人品牌，經常使用的工具應用得好，專業度立刻提升！經營個人品牌階段不同、目標也各不同，當然，需要的能力與工具也有差異。

4-1

優化工作系統，是創業的第一步（工具加分篇）

短語鍵盤＋雲端硬碟＋雲端相簿

賈伯斯說：「雖然你現在看不見未來，不知道所擁有的能帶領你到什麼樣的境界。但在未來的某個時刻，當你驀然回首，會發現這些是走過的點點滴滴，造就現在的你。」

是的，在創業的這幾年，我經常深刻感受到這段話的意義所在。

我不是一開始就擁有大量資源的人，我跟你一樣，出身在平凡的家庭，念普通的大學，出社會來到金融業，從基層的業務助理做起。創業對我來說，曾經遙不可及，想都不敢想。但現在回過頭看，我很感恩生命中的每一個經歷，我都踏踏實實的累積，所有的學習都不錯過機會。而這些都成為養分與能力，支持我在創業的路上前進。

這一篇「優化工作系統」是我常用的三個很好用的軟體，可以應用到百業上。無論你是業務工作、企劃介紹、行銷推廣，都可以幫助你事半功倍，快速的把需要的資料資訊整合在所有的行動裝置中。

無論是手機、平板、筆電，都可以方便快速的取用你的資料與圖片，甚至可以把常用語法、短文語句、自我介紹、公司官網資訊等資料都提前建置在手機中。當需要傳送給客戶或朋友時，可以快速取用，事半功倍，是我提升工作效率、節省工作時間的好幫手。

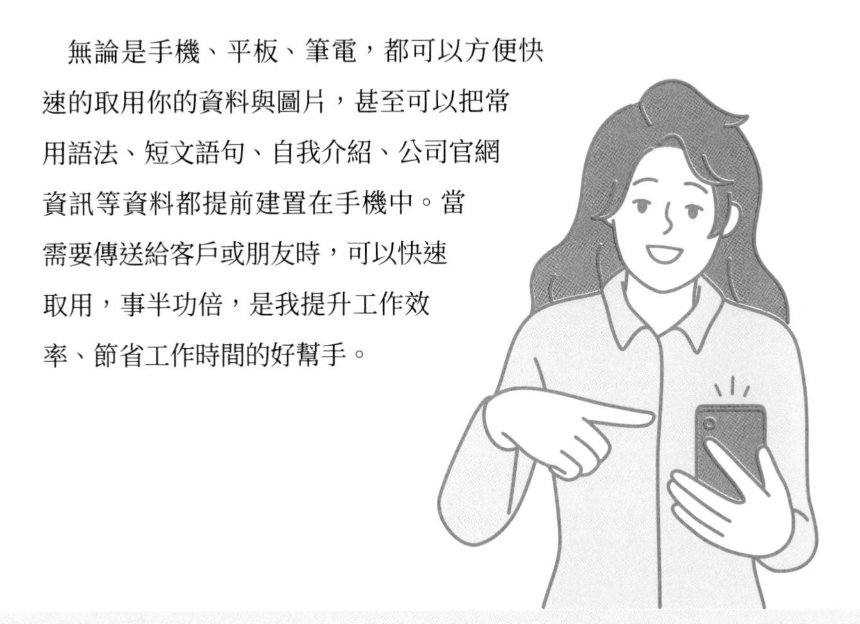

優化工作系統的好處

在我的工作歷程中，非常習慣善用工具。寫書備課之前，我會善用 Xmind 心智圖軟體整理我的思緒與大綱，我會善用 Canva 來做簡報與海報，也會善用 Google 雲端硬碟儲存備份資料、運用 Google 相簿統整工作所需的圖片相片，避免與手機相簿中的家居生活照混在一起。在這裡我也想跟你分享在我優化工作系統之後收穫到的好處。

❶ 好專業

我在《跟華爾街之狼學銷售》書中學到的一件事，就是開場後 4 秒定勝負。我們要成為客戶眼中「熱情、精明的專家」，關鍵的效率速度是第一印象。當我們在客戶提問時就能快速提供相關資訊，解決問題，那麼傳遞的專業形象自然無須言喻。

❷ 好簡單

所有工作上的事，我都會尋求簡單快速上手為第一要件。一件事情如果需要花費很多的時間精力，那麼就會很難上手。所以，我在這本書中帶給你的都是能夠快速累積、有效學習、每天都能思考學習使用到的小技巧。

❸好複製

團隊永遠是創業者要放在心中的重中之重。因此，在個人天賦與特質的前面，必定有能夠複製的專業技能，可以在團隊中交互學習與支援。從基礎開始複製、持續累積增能之後，每位團隊夥伴都會長出各自強大的模樣，然後走上領導者之路。

華人世界常有「留一手」的觀念，在我的世界裡是不存在的。需要留一手，表示對自己不夠自信，沒有底氣，擔心傳授專業之後被超越。一位有自信、有底氣、有度量的領導人會在自己的汗水與笑容中，看見夥伴們的辛勤與笑容，會在夥伴的成長中感受到喜悅與滿足，如果自己不足、不夠優秀，也要學習放下內在的比較心去練習平衡，發自內心地為彼此開心。

接下來我將介紹三個我最常用的軟體。

短語鍵盤

我們在日常生活中，無論是購物填寫個人資訊、登記表單或對話，常常遇到需要輸入一模一樣的文字與短句的時刻。在工作上也常常遇到客戶時提出了「重複且相同的問題」。你會不厭其煩一次次的打字回答？還是像曾經的我，把這些回覆存在 Line 的記事本、手機的備忘錄，重複進行複製貼上的動作？

短語鍵盤是一個非常方便的輸入法 APP，只要事先在短語鍵盤這個 APP 中將常用的文字、短句甚至顏文字 Emoji 設定好，你只要在需要時直接將輸入法切換到短語鍵盤，就可以直接將預先內建的語句插入文字訊息框中，不用再一個字一個字慢慢輸入，也不用切換到其他地方去重新複製貼上。

短語鍵盤的使用步驟，請參考我的簡報第 8 頁

註：在 App Store 售價為 NT$ 70 元；但在 Google Play 為免費。

接下來就請參考左側的 QRCode，讓我帶你一起用手機進行設定吧！

Google 雲端硬碟

你一定聽過 Google 雲端硬碟，那為什麼我要來講 Google 雲端硬碟呢？

其實重點關鍵不只是知道它的基本功能，更是怎麼善用雲端硬碟的進階功能，去將外出行動、報價備案、各種臨時所需的重要文件分類上傳，在行動工作時快速應用。很多人不知道怎麼進行文件的分類與管理，只會一股腦地把所有文件都丟進 Google 雲端硬碟中，仗著需要使用的時候，只要在茫茫檔案海中用搜尋就找得到！

學習管理是每個創業者必經之路。從文件到行程，從自己到團隊，有系統有意義的去分類管理是非常重要的事。除了檔案與資料夾的管理邏輯之外，我一定要跟你分享 Google 雲端硬碟的一個很棒的設計，那就是每一個資料夾、每一個檔案都有獨立的網址連結，也有獨立的權限設定功能。當你遇到團隊夥伴臨時需要簡報資料、商用文件時，快速的分享連結、提供下載就是行動辦公室的最佳模式。一起來掃 QRCode，看看我的雲端硬碟是怎麼設定與分類的吧！

Google 雲端硬碟，請參考我的簡報第 22 頁

Google 雲端相簿

跟 Google 雲端硬碟一樣，你一定想，又來了，怎麼連雲端相簿也可以拿來說？

其實，在創業初期，我跟你一樣，用手機相簿中的分類子項目功能，無論是報價圖片、商品示意圖，形象照，各種圖片都直接用手機內建的相簿功能進行管理。然而，這也會陷入到許多創業者常見的會計帳務金流的「公私不分」的問題。

當打開手機相簿，常常映入客戶眼簾的是你手機裡大量的私人照片，可能有另一半或家人的生活照、可能是寵物或美食，還可能像我一樣有大量的自拍照。有些創業者會另外持有獨立公務手機，這也是一個公私分明的好方法。但是像我習慣一支手機走天下，就很需要透過 Google 雲端相簿來獨立管理商務的所有圖片和相片。

Google 雲端項目的分類法，請參考我的簡報第 30 頁

Google 雲端相簿也有獨立的相簿網址，快速分享上也非常方便喲！

善用好工具，讓你成為熱情精明的專家

無論生活與工作，如果可以選擇，你一定更喜歡跟充滿熱情、精明而專業的人往來、合作或交易。而好的工具，可以幫助我們呈現專業與效率，更在無形中傳遞自我管理、團隊管理甚至資源管理的專業形象。這些事前準備，不需要花費你太多的時間，卻能在許多小小時刻發揮很大的作用，讓人對你刮目相看。讓我們一起成為眾人眼中熱情、精明的專業人士吧！

4-2

善用自媒體，打造你的人設賽道（自媒體篇）

過去，我們的資訊受到傳統媒體獨占。像是報紙、廣播電台、電視台，沒有特殊管道與媒介，很難登上版面。近年來因為網路世界的開展，我們都能透過網路架設網站、使用各種平台去經營臉書、IG、TikTok、Podcast、Threads 等向世界發聲。因此，打造個人 IP，建立自己專屬的自媒體，創造公私域流量的流通，成為創業者向外拓展的重中之重。

你有經營自媒體嗎？我常常聽到很多朋友跟我說不經營自媒體的幾個原因，像是不喜歡露臉，不想分享自己的生活隱私，不知道要寫什麼，或是對於輸出文字與想法有困難。

我在創業帶領團隊之後，開始產生陪伴支持團隊夥伴們經營自媒體的需求。過去我曾創下擁有 450 萬瀏覽量的親子部落格、超過 64 萬累計下載量的 Podcast 頻道經營、在短短 50 天內創造 TikTok 頻道 2600 粉、於新媒體 Threads 增加超過 5000 粉的經驗，也因此設計了一些探索的課程，協助身邊的朋友從認識自己開始，去探索自己真實的樣子、擅長或有興趣的領域，找到適合自己發揮的賽道，用最輕鬆的方式開始自媒體的經營。

首先，什麼是人設？

所謂的人設就是人物設定，其中包含了你的外在形象加上內在性格形塑出來的畫面與想像。也就是說，當大家想起你時，就會聯想到你的樣子、你的表情，你的點點滴滴。

所以，一個人的人設有四個重點：

❶辨識度：讓人一眼就記住你

所謂的辨識度，第一步就是讓人「看到你，喜歡你，記住你」。

在 NLP 心理學中，透過視覺習慣讓人看到某些東西就會想起你，也是提高辨識度的參考模式。

因此，就像我們一想起宅女小紅就會想到那個有鼻子的眼鏡，想到阿滴就會想到他的黑色方框眼鏡，想到蔡康永會想到他的招牌瀏海與肩頭上的鳥，都是一種強而有力的辨識度。

當然，我們不是藝人，不需要那麼誇張，但是你也可以創造自己的造型特色，像是帽子、項鍊、讓人一眼就記住你！或者設計一些專屬你的小產品，像我非常喜歡印有勵志小語的徽章別針，勵志小語的力量很大，大家都願意把別針留在身邊，也算替我打了無形的廣告！

❷提供有價值的內容

你在寫文章的時候，有傳遞出價值嗎？在自媒體的經營上，有兩個層面的價值分別是「知識價值」與「情緒價值」。我是一個熱愛分享的人，吃到好吃的店立刻上網分享，買了喜歡的東西拍照寫出來，每天經歷的點點滴滴，透過書寫分享給身邊的朋友們看。每天吃過走過逛過玩過的點點滴滴，都能提供知識點或是讓人感受到開心好玩舒壓的情緒價值。有價值，自然會吸引人常來。

❸深度連結

我非常認同《1000 個鐵粉》 這本書的觀點。其實粉絲數不在多，在於黏著度夠深，而真正的魅力來自於深度的連結。當有朋友來留言，你會回應嗎？你是看過就好、簡單貼個貼圖，還是真誠地去看他的留言，對這個人保持好奇與在乎。我一直覺得真誠的回應是建立信任感的第一步，人心都是肉做的，當你願意用心去對待他、回應他，對方會感受到這份心意，也會珍惜你的這份連結心意。

❹你的經營是否能轉化或變現？

有一句話說得很好：「不談轉化的流量，都是流氓！」我們經營社群，目的並非只是單純提供有用的內容，或者秀自己美麗的照片，最終目的還是希望有機會轉化目的或變現，不然久而久之，你只會半途而廢，因為你根本沒有動力！

說穿了，讓產品更容易賣、賣得更多，就是我們打造個人品牌的意義之一。

很多人建立個人品牌時，沒有考慮到如何將其轉化為實際收入。你需要有明確的商業模式，比如提供諮詢服務、銷售課程、推廣合作產品等，才能實現穩定的變現。

在商言商，社群經營要一直堅持到能獲利，才算把商業模式建立起來，是真正完成一個完整的流程！

過去的我，也是一個寫開心的網路經營者，寫開心的背後其實很可惜的沒有為我的鐵粉帶來更多有意義與有價值的課程內容，也因為領悟了這份道理，才下定決心寫出你正在閱讀的這本書。

釐清你的人設是什麼？

了解找到人設賽道的四大重點之後，我們要透過一張九宮格表單中的八大問句一起來釐清你的人設賽道。

在這幾個題目的書寫中，有些題目可以當機立斷的寫出來，有些題目卻需要一段時間的沉澱思考，才能找到答案。這些都是正常的，如果一時半刻無法寫出來，我蠻推薦你可以把這本書帶在身邊，想到哪裡寫到哪裡，突然有靈感的時候增加一些，都對你認識自己有很大的幫助喲！

第一題 屬於你的身分標籤

這題很簡單，請寫出你的年齡 / 性別 / 身分。像我就是：47 歲的熟女 / 幸福的已婚女性 /12 年的全職媽媽。

第二題 你的專屬職業技能是什麼？

我們經歷過的職業可能不止一樣，也可能與大學主修無關。像我雖然出社會就在金融業服務，但我不是櫃台行員，所以我擅長的系統與企劃能力就與擔任櫃台行員對存款匯款相關專業不同。而後期我結合財商的學習，成為了財富流教練、財商課程講師，也成為了健康事業的經銷商，同時也是超過 20 年的占星牌卡諮詢師。這些就都會是我各種不同領域的職業技能。

第三題 你的興趣是什麼呢？

你有什麼持續學習的興趣嗎？有的人喜歡美食，但你可知道喜歡美食也有不同的興趣類別。有的人喜歡吃美食，有的人喜歡煮美食，像我還上過一個專業拍攝美食的手機攝影課程，我的老師美味拍手就把美食拍得既有氛圍感又充滿生活的質感。

第四題 你的專長是什麼呢？

我們求學時期的主修，不一定與出社會所做的工作相關，也可能會擁有一些不一定喜歡但卻擅長的特殊專長，這些都可能是你的賽道。像我有一個金融業的同事，他因為喜歡日本動漫而開始學日文，甚至去考了日文檢定。他不一定以學習日文為興趣，也不一定專業到可以以日文相關工作為業，但日文仍是他的專長之一喲！

第五題
如果你是一本書，看完會是什麼感受？

人類有六種基本的情緒感受，快樂、悲傷、恐懼、憤怒、驚訝和厭惡。我們都會玩臉書（Facebook），我一直覺得臉書的名字取得真好，顧名思義就是每個人都是一本書，那麼，你有想過自己的 Facebook 如果是一本書，你這本書會帶給閱讀的朋友有什麼樣的感受嗎？

第六題 這本書主張的是……

如果你是一本書，那麼，這本書想要傳遞的主張是什麼？你的核心價值是什麼？你想要傳遞的核心信念是什麼？你這本書要讓人看見的是什麼？

第七題 這本書適合誰？

我們的自媒體要給誰看，也就是我們的目標對象設定有關。這一題非常關鍵喲！如果有想清楚自己的這本書要寫給誰看，那麼我們在每一次輸出文字、聲音、影像的過程中，將能抽離自己去看自己寫的錄的，去檢視是不是能讓我們想要的目標對象看得懂、更喜歡～

第八題 看完有什麼好處？

簡單說，就是貢獻價值啦！無論是充滿實用的知識價值或是提供開心歡笑與感性的情緒價值，我們都在提供自己的價值。那麼來看你的這本書，你有什麼價值值得貢獻出來呢？是不是很重要呢？

這八題就像一個自我認識、自我覺察的審視過程，這些題目有的簡單，立刻就可以寫出答案，有些卻需要一次次地向內探索、補充刪減，所以我非常推薦你把它放在你的身邊，一有碎片時間空檔就拿出來看看想想，也非常推薦你邀請朋友一起書寫，因為，這將會是你們共同認識自己、看見自己的過程。當你足夠了解自己，你就會找到屬於你發光發熱的自媒體賽道喲！

1. 你是誰／年齡、性別、身分	2. 你是怎樣的人／職業	3. 你的興趣愛好？
4. 你的專長	**忻平的** **自媒體課程** 人設追尋之路	5. 如果你是一本書，看完有什麼感受
6. 這本書的主張是？	7. 這本書適合誰？	8. 看完有什麼好處？

如果你想跟我學習社群或溝通，歡迎加入我的免費 Line 群一起聊聊

4-3

有好感的外表！讓客戶第一眼就記住你

你聽過一個心理學理論「首因效應」嗎？這是由心理學家亞伯拉罕．盧欽斯 Abraham Luchins 所提出的。首因效應是指人與人之間的第一印象不僅容易被記住，一旦形成之後，就會成為人對他人的重要判斷依據，而且會長期占據主導意識的位置。心理學家琳達．布萊爾 Linda Blair 認為「第一印象的建立，取決於雙方見面的前七秒」，國際形象顧問協會（AICI）

的山川碧子則說：「對於初見面的人來說，四分五秒就能決定你帶給人的第一印象。」

除了上述的三位專家學者之外，近年來有一個非常有名的 55387 理論，也跟外在形象有關，這是由美國心理學家艾伯特・麥拉賓 Albert Mehrabian 所提出的，他認為形象是人們對你的整體印象，其中包含了三個部分：外在形象、語氣語調以及談話的內容。

外在形象就是非語言的肢體動作與外貌表現，對第一印象的影響占了 55%，而語氣語調則與說話的聲調、音量與速度有關，比重相當於 38%，最後才是談話的內容，竟然只占了總影響力的 7%。然而，我們卻最常把準備放在只占了 7% 的談話內容中，忽略了外在形象對於第一印象的重要性。

還記得我們小時候都看過的名偵探「福爾摩斯」嗎？19 世紀末的英國偵探小說家亞瑟・柯南・道爾（Sir Arthur Conan Doyle）在書中寫道：「一個人的形象，包含穿著、頭髮、指甲、眼鏡、首飾都傳遞出一個訊息：『你是誰？你來自哪裡？你的教育程度與身分……』」所以，打造有魅力的形象對一個人多麼重要。

從生理層面來說，哈佛大學研究團隊發現第一印象源自大腦反應最快的部位，也是人類大腦最早發展的區域。而大多數人喜歡跟相似的人在一起，那麼，你會選擇融入人群？還是與眾不同？

在打造魅力形象之前，我們先來想想幾個有趣的小問題。

問題一 你認為有魅力的形象是天生的？還是後天學習刻意練習的呢？

近期大量研究指出，魅力的形象是某種「非語言」的行為結果，並非天生的個人特質。所以，這是可以經由學習刻意練習養成的。就連賈伯斯也有刻意練習打造個人的魅力形象喲～

問題二 必須長得好看才會有好的形象與魅力嗎？

不一定喲！知名演員黃渤透過良好舒服的銀幕形象

與高情商的談吐，為我們帶來最佳的示範。而女神舒淇出道時，大家都說她的五官非主流美女，但是，隨著她對自己的認識了解，經營自己、提升自己，如今她是公認的魅力女神喲！

從上面這些研究中可以發現，擁有充滿魅力的第一印象是非常重要的事情。接下來，我會帶你從三個層面，簡單打造魅力形象。

第一層面 生理狀態的維持：別讓不好的生理狀態影響你的表現

❶我們的外在要符合創業的形象

以我為例，我的第二個事業與外在形象有關，所以隨時隨地都要把自己的生理狀態維持好。從體重、體脂肪到內臟脂肪，我都會上體重計確認自己的身體數據維持得健康又健美。我也會習慣少穿寬鬆的服飾，用合身的衣著來維持體態。

❷ 臉色、氣色會讓人感知到個人狀態

養成習慣早睡早起、習慣畫好淡妝讓臉色氣色好，頭髮清爽蓬鬆、乾淨清爽都是非常重要。然而身體狀態不好的時候在所難免，是人都可能會遇到身體不舒服、狀態不好的時候，這時候，主動揭露說明、戴口罩都是很基本的禮貌。

❸ 沒事照照鏡子，整理儀容

我每次上洗手間會照照鏡子看看自己的妝有沒有花、頭髮會不會亂，跟同事夥伴出門時，也會互相提醒彼此的服裝儀容。還有非常重要的，像是喝拿鐵奶茶之後，嘴巴容易有一種牛奶發酵後的氣味，我們很常跟客戶互動洽談，隨身攜帶口香糖、口香噴霧都很重要。

❹ 定期除毛、維持體香都是基本禮儀

夏天大家都會穿無袖，現在雷射除毛技術又快又好，把體毛處理乾淨很重要。有些男生會習慣把手的小指甲留得長長的，當伸出手握手時，很多人會猶豫尷尬要不要握上去。指甲處理乾淨、鼻毛定期修剪，容易有體味的朋友記得擦體香劑，都是很重要的基礎生理禮儀喲～

第二層面 內在心理的穩定：自然流露適當的魅力行為與肢體語言

根據史丹佛大學的研究顯示，人們若是企圖掩飾真實感受反而會引發對方受威脅的反應。所以真心實意非常重要，而心態也會影響一個人的肢體展現。

內在的不自信往往會讓人產生焦慮、自我懷疑，也容易對不確定感抗拒。所以，這一切的關鍵在於「底氣」。那我們要如何增加自己的底氣呢？

❶底氣一 這一生沒有白走的路，每一步都算數

如果你對自己沒自信，第一件事情就是多讀書多充實自己。專業不足，一定要上課、找人請教；不知道如何帶團隊，那麼要多去上領導力管理相關課程。每次的學習都能讓我們累積更深的底氣，底氣足自信心會提升。

❷底氣二 你永遠可以超前部署，為自己提早做準備

如果有重要的活動與聚會，那麼服裝、資料都要提前

確認準備好，如果是團隊行動，那麼提早與同事夥伴確認好所有細節，也是維持品質的重要關鍵。

❸底氣三
放下比較心，每個當下百分百投入就好

很多時候我們的自信心不足是因為跟他人的比較，而放下比較心最重要的關鍵是在於確定自己在每個當下都有全然地投入自己，那麼就不會後悔囉～

無論是對內在外在的在意，其實都是對自己的一份講究。而這份講究將會為我們帶來美好的第一印象，也會為我們帶來好運氣、好貴人與好機緣的～

出門見客戶的 Check List

髮型

- 你的頭髮又黑又乾淨嗎？
- 如果很長的話，有綁起來嗎？
- 瀏海是否剪短或將頭髮紮起來，使你臉看起來清爽俐落？

臉

- 妝容自然嗎？
- 不添加配件是沒問題的。

套裝

- 西裝顏色是黑色、海軍藍或是灰色？
- 不穿胸口太開的襯衫。
- 夾克和襯衫是否乾淨、無皺摺？
- 襯衫的領口和袖口乾淨嗎？
- 白襯衫不會透出內衣。
- 裙子的長度能遮住半個膝蓋嗎？
- 你穿絲襪了嗎？（不可以光腳）
- 絲襪是膚色的嗎？
- 絲襪有脫線嗎？
- 修剪指甲但是不做指甲美容。

鞋

- 鞋子是黑色的嗎？
- 最佳鞋跟高度為 3 ～ 5 公分。

生理狀態的 Check List

關於身體的檢查

- 身上有無異味？（香味太重也不行喔）
- 有無頭皮屑？
- 指甲或雜毛是否有剪乾淨？
- 眼睛有神很重要！別讓瀏海遮住眼睛。
- 頭髮不散亂、整齊。
- 頭髮超過肩膀盡量綁起來，如果正在尷尬期，可以用髮夾整理。
- 嘴巴身體容易有異味的人，記得帶噴霧或者濕紙巾清潔。

關於妝容的檢查

- 上些素顏霜或粉底能保持臉部乾淨度。
- 眼睛看起來有神嗎？黑眼圈和暗沉有被遮蓋嗎？
- 口紅和腮紅可以增加整張臉的氣色喔。
- 畫好眉毛可以讓你看起來有精神。

關於穿搭的檢查

你看起來專業正式嗎？

衣服上是否有汙漬或髒點？

衣服穿起來是否很緊繃？會不會不符合尺寸？

全身是否有太過強烈的顏色？

衣服穿起來是否舒適？會不會影響說話？

心理狀態的 Check List

今天想討論的事情做足功課了嗎？

如果需討論的事項超過三項，順序為何？

需要哪一些資料？都帶了嗎？

你今天想得到怎樣的結果？試用？介紹？成交？

如果不符合預期，你如何讓客戶再聯絡你？

工作夥伴 & 人生夥伴的話

只要忻平想要，沒有不可能——來自忻平伴侶正中的回饋

18 年前初識忻平，她當時在銀行（證券）業服務，對於占星、塔羅、牌卡、巴哈花精、易老莊思想都略有研究，她的口條好，思路清晰、多才多藝，讓我非常欣賞。

婚後 2 年我們有了寶寶，忻平決定育嬰留停，全心照顧孩子。但天生的本事沒有封印，從經營社群粉絲團、親子共讀童書推廣、育兒雜誌專欄作家都有經驗，她喜歡參與孩子的成長，在學校陸續擔任過班級志工、志工大隊長及家長會長（獲頒 111 年新北市的杏福志工殊榮），只要她願意做，好像沒有做不到的事。

伴隨著孩子成長，忻平從不間斷學習並積極參與她感興趣的領域，助人工作（心理學）、閱讀推廣、財商教育、健康食品產業、團體領導（經營）等，涉略的越廣，她人生的藍圖就更清楚。

自從忻平去年踏入身體健康產業後，她成功把一輩子緊緊相隨的肥肉甩掉，更加重視自己的儀容、體態及健康，也讓她有自信及底氣站出來，分享她的人生經歷，誰說在家 12 年的全職媽媽不能華麗轉身？身為另一半的我，看著她的蛻變與進化，一點也不意外，三國孔明說：「萬事俱備，只欠東風」，她本來欠缺的，就只是再向前一步的勇氣，如今她把成長學習經歷整理出書，希望可以幫助激勵另一個才華洋溢的妳更上一層樓。

亦剛亦柔的奇女子——來自陳蔚旋的回饋

淡定從容，是我對忻平的第一印象。2023 年 1 月，我們相識於一場線上活動，奔現於 2 月 1 日的朋友聚會。初次相見，我們就聊起了熱情、使命、願景、價值觀。

未曾想，年齡相隔 24 歲的我們，就這樣碰撞出了奇妙的化學反應。作為她的忘年之交，我見證了她無論是身心靈或是外在容貌的改變。忻平，眞的是一位奇女子。初識便知道，她精通且擅長的術業很廣泛且深入，但都只為興趣。在聆聽她分享時，可以感受到專業，卻少了些自信與堅定。

一年時間，我看見她從外在身形瘦了 18 公斤，開始願意分享自己的機會與改變。從內斂靦腆的性格，找到了自己的願景、使命、熱情、價值觀而從原先記錄生活的自媒體中螢光綻放，因那顆熱情溫柔的助人之心，願意踏上舞台成爲講師，在事業上找到了自己的方向，一步一步堅定向前行，這是一個不容易的過程。

不是逢人苦譽君，亦狂亦俠亦溫文。敬我的靈魂知己，龔忻平。

瘦身 18 公斤的魅力無人能擋——來自 洪敏純的回饋

記得第一次見到忻平是在財富流的活動，她是這場活動的教練。一眼看過去，我就被她的穿著打動了。忻平穿著一條小百摺短裙，既顯得時尚又不失專業，這種專業感中還帶著一絲放鬆，讓人倍感親切。她的形象立刻讓我對這位教練產生了好感，也給人一種信賴感，讓我對整個活動充滿信心。

聽到忻平成功減脂 18 公斤的故事，我當下決定請她當我的健康顧問。每次見到她，我都會感受到她的穿搭帶來的自信與親切。她用簡單的單品搭配出獨特的風格，展現了她的自信與魅力。忻平不吝分享她的穿搭技巧，她教我如何用簡單的單品突顯身材優點，讓自己自信滿滿。

忻平的穿搭理念非常簡單，只要了解自己、相信自己，就能透過穿搭散發出加倍的光芒。她的形象與她的指導讓我深受啓發，我也在忻平鼓勵下學習如何在穿搭中展現自我，散發出屬於自己的魅力。忻平的形象魅力，不僅在於她的外表，更在於她內心的自信與分享的熱情。

她在我心中種下改變的種子——來自尤貞懿的回饋

第一次見到忻平，是多年前的家長日，一個需要自我介紹並投票的場合，當時我們都是全職媽媽，乾淨整齊的穿著，畫著淡妝，講話的聲調、音量、語速都給人清楚又舒服的感覺，她的眼睛透露著「這是一個不平凡的女子」，我就覺得她是個人才，短短三句自我介紹，我就決定要把神聖的一票投給她。

經過這些年的相處，更加確定我當年第一眼判斷的精準度。

特別是這一年外在身形的轉變，自信心明顯增加，也把內在底蘊透過妝髮、穿搭呈現出來，展現屬於忻平獨特的魅力。

我和忻平的背景相同，一樣是 12 年的全職媽媽，一起在孩子學校的志工隊和家長會服務，在我的心底其實也有創業的心，當年遇見她時就種下了一個種子～哪天開公司一定要找忻平一起。

二年前，我真的跟忻平一起走上了創業之路，從財商課程代理到健康產業，我的人生也產生了很大的翻轉，看見自己的無限可能。

很高興在這一路上能和忻平一起跨出舒適圈，做出勇敢的選擇，很開心她寫了這本書，一定能夠幫助你踏出創業之路，活出自己想要的生活。

結尾
人生就像綠野仙蹤

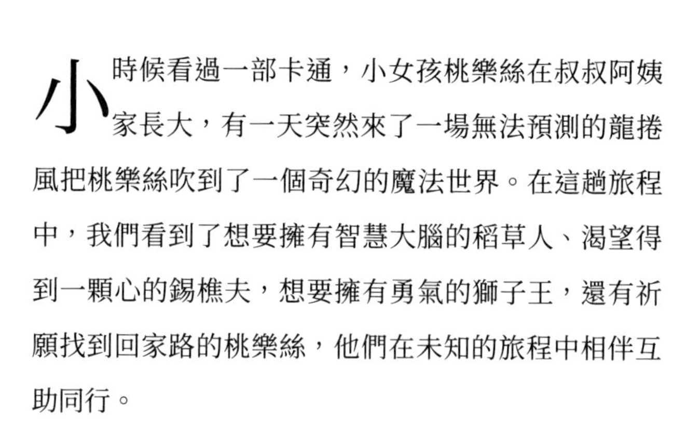

小時候看過一部卡通，小女孩桃樂絲在叔叔阿姨家長大，有一天突然來了一場無法預測的龍捲風把桃樂絲吹到了一個奇幻的魔法世界。在這趟旅程中，我們看到了想要擁有智慧大腦的稻草人、渴望得到一顆心的錫樵夫，想要擁有勇氣的獅子王，還有祈願找到回家路的桃樂絲，他們在未知的旅程中相伴互助同行。

我一直很喜歡綠野仙蹤。我一歲的時候父母離婚，隻身住在外婆家，童年是我不願回憶起的點點滴滴。我以前常常覺得很奇怪，為什麼說起童年、國小、國中，我的記憶都是非常非常片段的。小學同學的名字想不起來，只有一些小事件或畫面，其他都不記得。我以為是我自己記性不好，直到看了腦筋急轉彎這部電影，我才明白，原來，我的身體自動保護了我、銷毀了這些核心記憶。因為如果太常處於恐懼害怕的情緒中，我會失去正常生活的運作能力，所以我直接忘光光了。

一直到上國中，我的狀況很不好，媽媽把我接回去同住。媽媽為了讓我回歸軌道，開始對我有一些管教上的要求，也開始為我安排補習、家教。長久以來的生活模式大大轉變，帶給我極大的壓力，我也因此開始有各種生活與學習上的叛逆。考上大學，當時大家都說學商的有前途，媽媽建議我選擇企業管理系。畢業後就進入金融業，成為光鮮亮麗的 Office Lady。其實，當時的我一點都不喜歡金融業，但是企業管理系畢業，我能選擇的有限，當年的金融業景氣大好，收入穩定。雖然當年的我不喜歡，但是這段時光的專業累積卻成為我後來人生路程中的重要養分。無論是金錢關係、理財模式，甚至到我 45 歲的第一個創業，勇敢去代理了一套財商課程與桌遊，課程中所需要的理解與課程的規劃，都感謝有當年金融業的背景基礎成為我的底氣，更因此有了很重要的奠基。

因為當年不喜歡金融業卻又無法離開，於是，下班後的時光我為自己安排了很多有趣的課程學習。無論是西洋占星、易老莊、光的課程、精油芳療、巴哈花精或是牌卡，都是我好想認識自己的過程。我真的很想認識我自己，童年的成長過程中我經歷過很多傷痛，我看起來開朗活潑，內在有時候卻非常敏感細膩。我真的好想知道，我為什麼這樣？我是不是很奇怪？我也開始接觸心理學的讀書會，研究助人技巧，我明白，要幫助人之前，第一步先要幫助我自己。

在這些過程中，我無論自學、閱讀、上課、讀書會，一直在成長、一直在前進。直到遇到了他，我生命中重要的人，我的另一半正中。原來這個世界上真的會有一個人，不在乎我有缺點、不在乎我的美醜胖瘦、不在乎我夠不夠強大、不在乎我其實很脆弱，真的有一個人很愛很愛我。每次我問他為什麼愛我，他總是說不出原因、講不出理由，後來我才知道，愛一個人就是單純的愛，不需要原因也不需要理由。

生小孩之前，我總相信事在人為，只要我願意，一切都可以做得到。直到孩子出生了，我才明白我有多天真。這個世界，沒有完美的媽媽。是人都會犯錯、都有可能失控。媽媽也可能會自私自我，媽媽也會說錯話做錯事。但是，無論我是怎樣的媽媽，只要我帶著愛陪伴孩子，我相信她們都會接收到的。

在這一路的成長過程，我終於慢慢開始懂愛，我開始到學校當志工，我開始陪伴更多小孩。我在學校陪伴孩子們閱讀，我支援學習跟不上進度的孩子們課業輔導，我開始把我學過的財商知識傳遞給更多大人小孩。我開始相信，即使不完美，我也有付出愛的能力，因為我就是愛的存在。

在這個過程裡，幫助別人也是療癒自己，我那顆千瘡百孔的心一次次的被修補了。幫助別人的同時，我也在幫助自己。我終於明白，在這個世界上，我們都是擺渡人 都是助人者，我們在生命中體驗過的痛、得到的成長、穿越過的難，我們經歷的一切，都是為了有一天長出力量，陪伴支持需要的人來到幸福的彼岸。

綠野仙蹤裡有一句話說：「就算不夠聰明，少了勇氣，甚至心碎，我們仍能一同穿越、一起前行！」

是的，我們都像沒有腦袋的稻草人，大智若愚；我們都像膽小的獅子王，就算充滿恐懼也會在顫抖中勇敢前行；我們都像沒有心的錫樵夫，縱然一身堅硬的盔甲也遮不住他溫柔體貼的心。在這場人生旅途中，你要過得是一眼望盡的人生，還是勇敢為自己拚搏一場？我不會說這不需要準備，只要勇敢前進就好。我相信只要做好規劃與準備，擬定好策略，拿到最高的勝算，帶著愛與願前進，你將會不枉此生！

我們都是綠野仙蹤裡的每一個角色，我永遠相信，只要你願意，我們會在這場人生旅途中，帶著堅定的心，遇到一起前行的夥伴們，走向那個曾經想都不敢想的目的地。

在這個世界上，我們都是擺渡人，都是助人者，我們在生命中體驗過的痛、經歷到的一切，都是為了有一天長出力量，陪伴支持需要的人，來到幸福的彼岸。

一半是媽媽，一半是我自己

微品牌陪跑教練龔忻平的 5 個女性創業賦能祕笈

作　　者／龔忻平（Sophie）

出版統籌／林欣儀
美術編輯／劉曜徵
責任編輯／林欣儀
校　　對／劉子韻

封面設計／劉曜徵
攝　　影／神影攝影 Sai.Photos

總 編 輯／賈俊國
副總編輯／蘇士尹
編　　輯／黃欣
行銷企畫／張莉滎、蕭羽猜、溫于閎

發 行 人／何飛鵬
法律顧問／元禾法律事務所王子文律師
出　　版／布克文化出版事業部
11563 台北市南港區昆陽街 16 號 4 樓
電話：(02)2500-7008　傳真：(02)2500-7579
Email：sbooker.service@cite.com.tw
發　　行／英屬蓋曼群島商家庭傳媒股份有限公司城邦分公司
115 台北市南港區昆陽街 16 號 8 樓
書虫客服服務專線：(02)2500-7718；2500-7719
24 小時傳真專線：(02)2500-1990；2500-1991
劃撥帳號：19863813；戶名：書虫股份有限公司
讀者服務信箱：service@readingclub.com.tw
香港發行所／城邦（香港）出版集團有限公司
香港九龍土瓜灣土瓜灣道 86 號順聯工業大廈 6 樓 A 室
電話：+852-2508-6231　　傳真：+852-2578-9337
Email：hkcite@biznetvigator.com
馬新發行所／城邦（馬新）出版集團 Cité (M) Sdn. Bhd.
41, Jalan Radin Anum, Bandar Baru Sri Petaling,
57000 Kuala Lumpur, Malaysia
電話：+603- 9056-3833　　傳真：+603- 9057-6622
Email：services@cite.my
印　　刷／呈靖彩藝有限公司
初　　版／ 2024 年 10 月 03 日
定　　價／ 400 元
ISBN ／ 978-626-7518-20-5
EISBN ／ 978-626-7518-25-0（EPUB

國家圖書館出版品預行編目 (CIP) 資料

一半是媽媽 一半是我自己：微品牌陪跑教練龔忻平的五個女性創業賦能祕笈 / 龔忻平 (Sophie) 文 . -- 初版 . -- 臺北市：布克文化出版事業部，2024.10

176 面；15x21 公分

ISBN 978-626-7518-20-5（平裝）

1.CST: 創業 2.CST: 女性
3.CST: 母親 4.CST: 職場成功法

494.1　　113012785

城邦讀書花園 www.cite.com.tw　布克文化